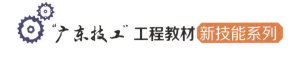

"广东技工"工程教材 新技能系列

U0611432

GUANGDONG
JIGONG

智能制造生产线的
运行与维护

广东省职业技术教研室　组织编写

SPM 南方传媒
全国优秀出版社
全国百佳图书出版单位
广东教育出版社
·广 州·

图书在版编目（CIP）数据

智能制造生产线的运行与维护 / 广东省职业技术
教研室组织编写. — 广州：广东教育出版社，2021.7
（2022.6重印）
"广东技工"工程教材. 新技能系列
ISBN 978-7-5548-4511-0

Ⅰ. ①智… Ⅱ. ①广… Ⅲ. ①智能制造系统—自动
生产线—运行—职业教育—教材 ②智能制造系统—自
动生产线—维修—职业教育—教材 Ⅳ. ①TH166

中国版本图书馆CIP数据核字（2021）第205736号

出 版 人：朱文清
策 划：李 智
责任编辑：叶楠楠 李 慧
责任技编：佟长缨
装帧设计：友间文化

智能制造生产线的运行与维护
ZHINENG ZHIZAO SHENGCHANXIAN DE YUNXING YU WEIHU

广东教育出版社出版发行
（广州市环市东路472号12-15楼）
邮政编码：510075
网址：http：// www.gjs.cn
佛山市浩文彩色印刷有限公司印刷
（佛山市南海区狮山科技工业园A区 邮政编码：528225）
787毫米×1092毫米 16开本 20.75印张 415 000字
2021年7月第1版 2022年6月第2次印刷
ISBN 978-7-5548-4511-0
定价：49.00元
质量监督电话：020-87613102 邮箱：gjs-quality@nfcb.com.cn
购书咨询电话：020-87615809

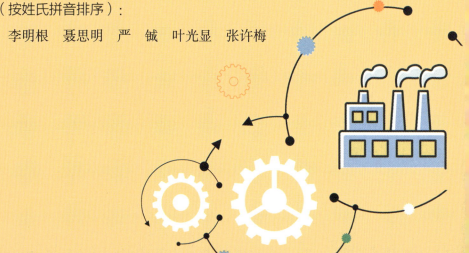

序言

　　技能人才是人才队伍的重要组成部分，是推动经济社会发展的重要力量。党中央、国务院高度重视技能人才工作。党的十八大以来，习近平总书记多次对技能人才工作作出重要指示，强调劳动者素质对一个国家、一个民族发展至关重要。技术工人队伍是支撑中国制造、中国创造的重要基础，对推动经济高质量发展具有重要作用。要健全技能人才培养、使用、评价、激励制度，大力发展技工教育，大规模开展职业技能培训，加快培养大批高素质劳动者和技术技能人才。要在全社会弘扬精益求精的工匠精神，激励广大青年走技能成才、技能报国之路。要加快构建现代职业教育体系，培养更多高素质技术技能人才、能工巧匠、大国工匠。总书记的重要指示，为技工教育高质量发展和技能人才队伍建设提供了根本依据，指明了前进方向。

　　广东省委、省政府深入贯彻落实习近平总书记重要指示和党中央决策部署，把技工教育和技能人才队伍建设放在全省经济社会发展大局中谋划推进，高规格出台了新时期产业工人队伍建设、加强高技能人才队伍建设、提高技术工人待遇、推行终身职业技能培训制度等政策，高站位谋划技能人才发展布局。2019年，李希书记亲自点题、亲自谋划、亲自部署、亲自推进了"广东技工"工程。全省各地各部门将实施"广东技工"工程作为贯彻落实习近平新时代中国特色社会主义思想和习近平总书记对广东系列重要讲话、重要指示精神的具体行动，以服务制造业高质量发展、促进更加充分更高质量就业为导向，努力健全技能人才培养、使用、评价、激励制度，加快培养造就一支规模宏大、结构合理、布局均衡、技能精湛、素养优秀的技能人才队伍，推动广东技工与广东制造共同成长，为打造新发展格局战略支点提供了坚实的技能人才支撑。

在中央和省委、省政府的关心支持下，广东省人力资源和社会保障厅深入实施"广东技工"工程，聚焦现代化产业体系建设，以高质量技能人才供给为核心，以技工教育高质量发展和实施职业技能提升培训为重要抓手，塑造具有影响力的重大民生工程广东战略品牌，大力推进技能就业、技能兴业、技能脱贫、技能兴农、技能成才，让老百姓的增收致富道路越走越宽，在社会掀起了"劳动光荣、知识崇高、人才宝贵、创造伟大"的时代风尚。强化人才培养是优化人才供给的重要基础、必备保障，在"广东技工"发展壮大征程中，广东省人力资源和社会保障厅坚持完善人才培养标准、健全人才培养体系、夯实人才培养基础、提升人才培养质量，注重强化科研支撑，统筹推进"广东技工"系列教材开发，围绕广东培育壮大10个战略性支柱产业集群和10个战略性新兴产业集群，围绕培育文化技工、乡村工匠等领域，分类分批开发教材，构建了一套完整、科学、权威的"广东技工"教材体系，将为锻造高素质广东技工队伍奠定良好基础。

新时代意气风发，新征程鼓角催征。广东省人力资源和社会保障厅将坚持高质量发展这条主线，推动"广东技工"工程朝着规范化、标准化、专业化、品牌化方向不断前进，向世界展现领跑于技能赛道的广东雄姿，为广东在全面建设社会主义现代化国家新征程中走在全国前列、创造新的辉煌贡献技能力量。

广东省人力资源和社会保障厅

2021年7月

前言

　　"十四五"时期,我国改革开放和社会主义现代化建设进入高质量发展的新阶段,加快发展现代产业体系,推动经济体系优化升级已成为高质量发展的核心、基础与前提。制造业是国家经济命脉所系,习近平总书记多次强调要把制造业高质量发展作为经济高质量发展的主攻方向,促进我国产业迈向全球价值链中高端,特别对广东制造业发展高度重视、寄予厚望,明确要求广东加快推动制造业转型升级,建设世界级先进制造业集群。

　　广东作为全国乃至全球制造业重要基地,认真贯彻落实党中央、国务院决策部署,始终坚持制造业立省不动摇,持续加大政策供给、改革创新和要素保障力度,推动制造业集群化、高端化、现代化发展,现已成为全国制造业门类最多、产业链最完整、配套设施最完善的省份之一。但依然还存在产业整体水平不够高、新旧动能转换不畅、关键核心技术受制于人、产业链供应链不够稳固等问题。因此,为适应制造业高质量发展的新形势新要求,广东省委、省政府立足现有产业基础和未来发展需求,谋划选定十大战略性支柱产业集群和十大战略性新兴产业集群进行重点培育,努力打造具有国际竞争力的世界先进产业集群。

　　"广东技工"工程是广东省委、省政府提出的三项民生工程之一,以服务制造业高质量发展、促进更加充分更高质量就业为导向,旨在健全技能人才培养、使用、评价、激励制度,加快培养大批高素质劳动者和技能人才,为广东经济社会发展提供有力的技能人才支撑。"广东技工"工程教材新技能系列作为"广东技工"工程教材体系的重要板块,重在为广东制造业高质量发展实现关键要素资源供给保障提供技术支撑，聚焦10个战略性支柱产业集群和10个战略性新兴产业集群，不断推进技能人才培养"产学研"高度融合。

该系列教材围绕推动广东制造业加速向数字化、网络化、智能化发展而编写，教材内容涉及智能工厂、智能生产、智能物流等智能制造（工业化4.0）全过程，注重将新一代信息技术、新能源技术与制造业深度融合，首批选题包括《智能制造单元安装与调试》《智能制造生产线编程与调试》《智能制造生产线的运行与维护》《智能制造生产线的网络安装与调试》《工业机器人应用与调试》《工业激光设备安装与客户服务》《3D打印技术应用》《无人机装调与操控》《全媒体运营师H5产品制作实操技能》《新能源汽车维护与诊断》10个。该系列教材计划未来将20个产业集群高质量发展实践中的新技能培养、培训逐步纳入其中，更好地服务"广东技工"工程，推进广东省建设制造业强省，推进广东技工与广东制造共同成长。

该系列教材主要针对院校高技能人才培养，适度兼顾职业技能提升，以及企业职工的在岗、转岗培训。在编写过程中始终坚持"项目导向，任务驱动"的指导思想，"项目"以职业技术核心技能为导向，"任务"对应具体化实施的职业技术能力，涵盖相关理论知识及完整的技能操作流程与方法，并通过"学习目标""任务描述""学习储备""任务实施""任务考核"等环节设计，由浅入深，循序渐进，精简理论，突出核心技能实操能力的培养，系统地为制造业从业人员提供标准的技能操作规范，大幅提升新技能人才的专业化水平，推进广东制造新技术产业化、规模化发展。

在该系列教材组织开发过程中，广东省职业技术教研室深度联系院校、新兴产业龙头企业，与各行业专家、学者共同组建编审专家委员会，确定教材体系，推进教材编审。广东教育出版社以及全体参编单位给予了大力支持，在此一并表示衷心感谢。

目录
c o n t e n t s

项目四 智能制造生产线原料仓库的设计与实践

项目五 智能制造生产线加工系统的设计与实践

项目六 智能制造生产线装配系统的设计与实践

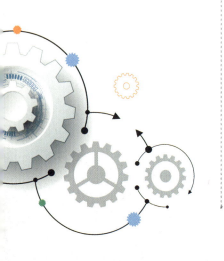

项目七　智能制造生产线检测系统的设计与实践

项目八　智能制造生产线包装系统的设计与实践

项目九　智能制造生产线成品仓库的设计与实践

项目一
智能制造生产线的基本架构

项目导入

　　智能制造生产线是利用物联网技术与监控技术，集ERP（Enterprise Resource Planning，企业资源计划）和MES（Manufacturing Execution System，制造执行系统）等新兴技术于一体而构建的高效、节能、环保、舒适的人性化生产线。

　　本项目分为以下两个学习任务：

　　任务一　工业4.0及智能制造生产线的基本架构

　　任务二　SX-TFI4智能制造生产线的基本架构

　　本项目主要讲述智能工厂、智能制造生产线及SX-TFI4智能制造生产线的基本架构。

任务一 工业4.0及智能制造生产线的基本架构

学习目标

① 了解工业4.0的概念。

② 了解智能工厂及智能制造生产线的概念。

③ 了解"中国制造2025"规划。

④ 能进行智能工厂及智能制造生产线架构分析。

任务描述

以智能制造生产线智能控制中心为具体实施对象，分析其详细的工艺流程，实现智能控制中心的综合方案设计，并对硬件进行选型，为后续该系统的组装、调试做必要的规划与准备。

学习储备

一、工业4.0概述

（一）工业4.0的概念

工业4.0（Industry 4.0）是指以信息物理系统（Cyber-Physical Systems，简称CPS）为基础，以供应、制造、销售信息的高度数字化、网络化、智能化为标志，实现快速、有效、个性化的产品供应的生产方法。此概念于2013年由德国在汉诺威工业博览会上正式提出，其目标是建立一个高度灵活的个性化和数字化的产品与服务的生产模式。在这种模式中，传统的行业界限将消失，并会产生各种新的活动领域和合作形式；创造新价值的过程将发生改变，产业链分工将被重组。德国学术界和产业界认为，工业4.0即以智能制造为主导的"第四次工业革命"。

（二）工业4.0的由来

人类历史上曾发生过三次工业革命：人们将18世纪末引入机械制造设备定义为第一次工业革命，即工业1.0；20世纪初的电气化定义为"第二次工业革命"，即工业2.0；始于20世纪70年代的制造自动化定义为"第三次工业革命"，即工业3.0。而物联网和制造业服务化促进了以智能制造为主导的"第四次工业革命"，即工业4.0。四次工业革命及其标志性事件如图1-1-1所示。

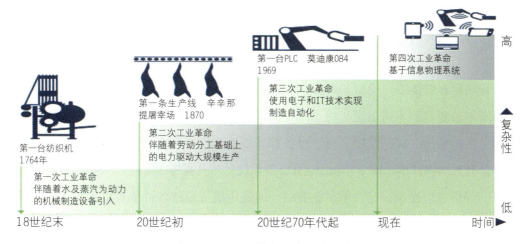

图1-1-1 工业革命及其标志性事件

（三）工业4.0的特点

工业4.0是基于虚拟世界和物理世界的全新制造体系，包含互联网、工业云、大数据、工业机器人、增材制造、工业网络安全、虚拟现实和人工智能等多方面的技术。工业4.0具有高度自动化、高度信息化和高度网络化三大主要技术特点，其技术特点与发展过程的关系如图1-1-2所示。

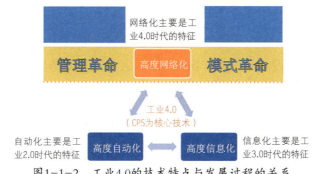

图1-1-2 工业4.0的技术特点与发展过程的关系

（四）工业4.0的目标

无论是德国的"工业4.0"、美国的"再工业化"、日本的"科技工业联盟"、英国的"工业2050战略"，还是中国的"中国制造2025"规划，都是为了实现信息技术与制造技术深度融合的数字化、网络化、智能化制造，从而在未来建立真正的智能工厂。

未来真正的智能工厂会是什么样，目前并不能确定，因为颠覆性的技术在未来不断发展，智能工厂也随之不断升级。但可以肯定的是，在未来的智能工厂里，工人的人身安全将得到最大保障，零污染排放让效益与环境问题不再对立，全球的竞争市场也会彻底改变。真正的智能工厂需要建立如下四大核心目标。

1. 构建智能物联网

物联网在智能工厂中扮演着各个元素的沟通桥梁的角色。物联网数据终端通过传感器等装置和技术的运用，将工厂中的人、机器、物料、产品等联网，实现实时感知、实时指挥、实时监控。每个设备都具备独立自主的能力，可自动完成生产线操作，有效地将订单、制令（ERP、MES等系统的生产指令）、生产人员、设备、生产时间等信息串连在一起，而在企业以外的运用也可通过各种装置得到相关的产品信息。此外，每个设备都能相互沟通，实时监控周围环境，随时找到问题并加以排除，同时也具有灵活、弹性的生产流程，可满足不同客户的产品需求。

2. 构建自动化物流

许多制造业工厂目前重点发展的领域是构建自动化物流，包括运输、装卸、包装、分拣、识别等作业流程，如自动识别系统、自动检测系统、自动分拣系统、自动存取系统、自动跟踪系统等。

3. 构建VR工作环境

VR（Virtual Reality，虚拟现实）工作环境的构建是要将实体的工厂运作机制通过信息技术建构的平台，转化成可控制的虚拟环境。可通过工厂建模的工具将生产中的工单/制令、生产设备、产品、物料、生产区域等实体的生产要件转化成可控制的虚拟工厂。通过虚拟工厂的管理与监控，搭配感测元件与厂内的智能设备，可不受空间与时间的限制，随时随地掌握工厂生产的相关信息，实现智能产品、智能流程、智能生产的目标。

4. 构建绿色智能工厂

智能工厂是一个高效节能、绿色环保、环境舒适的人性化工厂，将在节能环保方面对企业提出更高要求（如生产洁净化、废物资源化、能源低碳化）。在可持续发展领域，未来的智能工厂将会大放异彩。

二、智能工厂概述

随着新一轮工业革命的发展，工业转型的呼声日渐高涨，面对信息技术和工业技术的革新浪潮，业界早已提出了数字化工厂、智能工厂以及智能制造等概念。

（一）数字化工厂

德国工程师协会对数字化工厂的定义是：数字化工厂（Digital Factories，简称DF）是由数字化模型、方法和工具构成的综合网络，包含仿真和3D/虚拟现实可视化，通过连续的没有中断的数据管理集成在一起。数字化工厂集成了产品、过程和工厂模型数据库，通过先进的可视化、仿真和文档管理，以提高产品的质量和生产过程所涉及的质量和动态性能。

在我国，关于数字化工厂的定义接受度最高的是：数字化工厂是在计算机虚拟环境中，对整个生产过程进行仿真、评估和优化，并进一步扩展到整个产品生命周期的新型生产组织方式。其是现代数字制造技术与计算机仿真技术相结合的产物，主要作为产品设计和产品制造之间沟通的桥梁。从定义中可以得出一个结论：数字化工厂的本质是实现信息的集成。

（二）智能工厂

从宏观层面而言，智能工厂是在数字化工厂的基础上，利用物联网技术与设备监控技术，加强信息管理，提高生产过程的可控性，减少人工干预以及合理安排生产流程。同时，智能工厂集智能手段和智能系统等技术于一体，构建高效、节能、环保、舒适的人性化工厂。智能工厂已经具备了自主能力，可采集、分析、判断、规划；可自行组成最佳系统，具备协调、重组、扩充功能；此外，还具有自我学习、自行维护的能力。智能工厂包括全局生产管控、生产计划、设备状态、生产统计、工艺指导、生产防错、质量管控、物料准时配送、产品及时发运等功能。

1. 框架结构

著名业务流程管理专家奥古斯特-威廉·舍尔（August-Wilhelm Scheer）教授提

出的智能工厂框架，强调了MES在智能工厂建设中的枢纽作用，并将智能工厂分为基础设施层、智能装备层、智能产线层、智能车间层和工厂管控层五个层级。图1-1-3所示为智能工厂的框架结构。

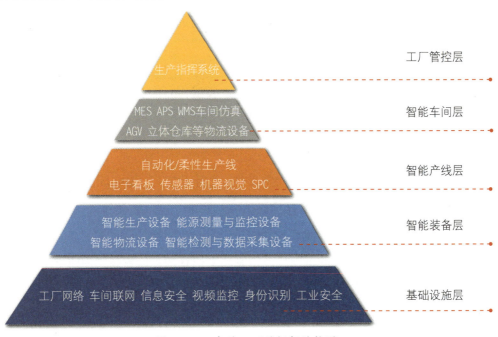

图1-1-3　智能工厂的框架结构图

（1）基础设施层。企业首先应当建立有线或者无线的工厂网络，实现生产指令的自动下达和设备与产线信息的自动采集，形成集成化的车间联网环境；解决不同通信协议的设备之间，以及PLC（Programmable Logic Controller，可编程逻辑控制器）、CNC（Computer Numerical Control，数控机床）、机器人、仪表/传感器和工控/IT（Information Technology，信息技术）系统之间的联网问题；利用视频监控系统对车间的环境和人员行为进行监控、识别与报警；此外，工厂应当在温度、湿度、洁净度控制和工业安全（包括工业自动化系统的安全、生产环境的安全和人员安全）等方面达到智能化水平。

（2）智能装备层。制造装备在经历了机械装备到数控装备后，目前正在逐步向智能装备发展。智能装备是智能工厂运作的重要手段和工具，主要包含智能生产设备、智能检测设备和智能物流设备。智能化的加工中心具有误差补偿、温度补偿等功能，能够实现边检测边加工。工业机器人通过集成视觉、力觉等传感器，能够准确识别工件、自主进行装配、自动避让障碍物、实现人机协作。金属增材制造设备可以直接制造零件，德马吉森精机机床（DMG MORI）公司已开发出能够同时实现增材制造和切削加工的混合制造加工中心。智能物流设备则包括自动化立体仓库、智能夹具、AGV（Automated Guided Vehicle，自动导引车）、桁架式机械手、悬挂式输送链等。

（3）智能产线层。智能产线的特点：在生产和装配的过程中，能够通过传感器、数控系统或RFID（Radio Frequency Identification，射频识别，俗称电子标签）自动进行生产、质量、能耗、设备绩效等数据的采集，并通过电子看板显示实时的生产状态；生产线能够实现快速换模，实现柔性自动化；能够支持多种相似产品的混线生产和装配，灵活调整工艺，适应小批量、多品种的生产模式；具有一定冗余，如果生产线上有设备出现故障，能够调整到其他设备上生产；针对人工操作的工位，能够给予智能提示。

（4）智能车间层。要实现对生产过程的有效管控，需要在设备联网的基础上，利用MES、先进生产排程（Advanced Planning and Scheduling，简称APS）、劳动力管理等软件进行高效的生产排产和合理的人员排班，提高设备利用率，实现生产过程的可追溯，减少在制品库存，应用人机界面（Human Machine Interface，简称HMI）以及工业平板等移动终端，实现生产过程的无纸化。另外，还可以利用数字映射（Digital Twin）技术将MES采集到的数据在虚拟的三维车间模型中实时地展现出来，不仅提供车间的VR环境，还可以显示设备的实际状态，实现虚实融合。车间物流的智能化对于实现智能工厂至关重要。企业需要利用智能物流装备实现生产过程中所需物料的及时配送，可以用DPS（Digital Picking System，电子标签拣选系统）实现物料拣选的自动化。

（5）工厂管控层。工厂管控层主要是实现对生产过程的监控，通过生产指挥系统实时洞察工厂的运营，实现多个车间之间的协作和资源的调度。流程制造企业已广泛应用DCS（Distributed Control System，分散控制系统）或PLC控制系统进行生产管控。近年来，离散制造企业也开始建立中央控制室，实时显示工厂的运营数据和图表，展示设备的运行状态，并通过图像识别技术对视频监控中发现的问题进行自动报警。

2. 管理系统组成

智能工厂的管理系统通常包括ERP、PLM（Product Lifecycle Management，产品

生命周期管理）、SCM（Supply Chain Management，供应链管理）、CRM（Customer Relationship Management，客户关系管理）、MES五大管理系统。

（1）ERP是一种主要面向制造行业进行物资资源、资金资源和信息资源集成一体化管理的企业信息管理系统。ERP是一个以管理会计为核心，可以提供跨地区、跨部门甚至跨公司整合实时信息的企业管理软件，是针对物资资源管理（物流）、人力资源管理（人流）、财务资源管理（财流）、信息资源管理（信息流）集成一体化的企业管理软件。ERP具有整合性、系统性、灵活性、实时控制性等显著特点。ERP将系统的物资、人力、财务、信息等资源整合调配，实现企业资源的合理分配和利用，其作为一种管理工具存在的同时，也体现着一种管理思想。

（2）PLM对产品的整个生命周期（包括投入期、成长期、成熟期、衰退期、结束期）进行全面管理，通过投入期的研发成本最小化和成长期至结束期的企业利润最大化来达到降低成本和增加利润的目标。

（3）SCM主要通过信息手段，对供应的各个环节中的各种物料、资金、信息等资源进行计划、调度、调配、控制与利用，形成用户、零售商、分销商、制造商、采购供应商的全部供应过程的功能整体。

（4）CRM作为一种新型管理机制，极大地改善了企业与客户之间的关系，应用于企业的市场营销、销售、服务与技术支持等与客户相关的领域。CRM系统可以及时获取客户需求和为客户提供服务，使企业减少"软"成本。

（5）MES是一套面向制造企业车间执行层的生产信息化管理系统。MES可以为企业提供制造数据管理、计划排程管理、生产调度管理、库存管理、质量管理、人力资源管理、工作中心/设备管理、工具工装管理、采购管理、成本管理、项目看板管理、生产过程控制、底层数据集成分析、上层数据集成分解等管理模块，为企业打造一个扎实、可靠、全面可行的制造协同管理平台。

上述各系统不是简单的一款软件或工具，而是在信息化时代企业管理、统筹规划、提高效率的一种管理思想，面对相似流程、相似问题的一种成熟的解决方案。五大管理系统既有联系又有所侧重，图1-1-4所示为五大管理系统的关系。

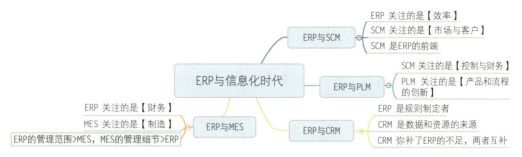

图1-1-4　五大管理系统关系图

3. 网络结构

智能工厂包括应用层、存储层、数据采集层（数采层）、设备层等四个网络层次，其网络结构如图1-1-5所示。

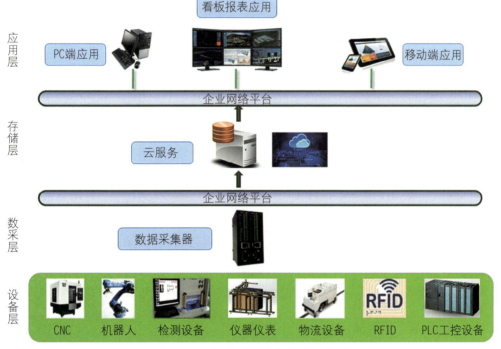

图1-1-5　智能工厂网络结构示意图

4. 智能工厂的特征

仅有自动化生产线和工业机器人的工厂，还不能称为智能工厂。智能工厂不但生产过程应实现自动化、透明化、可视化、精益化，在产品检测、质量检验和分析、生产物流等环节也应当与生产过程实现闭环集成，而且工厂车间与车间之间也要实现信息共享、准时配送、协同作业。智能工厂具有以下六个显著特征：

（1）设备互联。能够实现设备与设备互联（M2M），通过与设备控制系统集

成，以及外接传感器等方式，由SCADA（Supervisory Control and Data Acquisition，数据采集与监控系统）实时采集设备的状态以及生产完工的信息、质量信息，并通过应用RFID、条码（一维和二维）等技术，实现生产过程的可追溯。

（2）广泛应用工业软件。广泛应用MES、APS、能源管理、质量管理等工业软件，实现生产现场的可视化和透明化。在新建工厂时，可以通过数字化工厂仿真软件，进行设备和生产线布局、工厂物流、人机工程等仿真，确保工厂结构合理。在推进数字化转型的过程中，必须确保工厂的数据安全以及设备和自动化系统安全。在通过专业检测设备检出次品时，不仅要能够自动与合格品分流，还能够通过SPC（Statistical Process Control，统计过程控制）等软件，分析出现质量问题的原因。

（3）充分结合精益生产理念。能够实现按订单驱动，拉动式生产，尽量减少在制品库存，消除浪费，充分体现精益生产的理念。同时在研发阶段大力推进标准化、模块化和系列化，奠定推进精益生产的基础。

（4）实现柔性自动化。结合企业的产品和生产特点，持续提升生产、检测和工厂物流的自动化程度。产品品种少、生产批量大的企业可以实现高度自动化，乃至建立"黑灯工厂"；产品品种多、生产批量小的企业则应当注重少人化、人机结合，不要盲目推进自动化，应当特别注重建立智能制造单元。工厂的自动化生产线和装配线应当适当考虑冗余，避免由于关键设备故障而停线；同时，应当充分考虑如何快速换模，以适应多品种的混线生产。物流自动化对于实现智能工厂至关重要，企业可以通过AGV、桁架式机械手、悬挂式输送链等物流设备实现工序之间的物料传递，并配置物料超市，尽量将物料配送到线边。质量检测的自动化也非常重要，机器视觉在智能工厂的应用将会越来越广泛。此外，还需要仔细考虑如何使用助力设备，减轻工人劳动强度。

（5）注重环境友好，实现绿色制造。能够及时采集设备和生产线的能源消耗，实现能源高效利用，能够实现废料的回收和再利用。在危险和存在污染的环节，优先用机器人替代人工。

（6）实现实时洞察。从生产排产指令的下达到完工信息的反馈，实现闭环。通过建立生产指挥系统，实时洞察工厂的生产、质量、能耗和设备状态信息，避免非计划性停机。通过建立工厂的Digital Twin（数字孪生），更方便地洞察生产现场的状态，辅助各级管理人员做出正确决策。

智能工厂的建设充分融合了信息技术、先进制造技术、自动化技术、通信技术和人工智能技术。每个企业在建设智能工厂时，都应该考虑如何有效融合这五大领域的新兴技术，并将其与企业的产品特点和制造工艺紧密结合，确定自身的智能工厂推进方案。

三、智能制造生产线概述

智能工厂是在数字化工厂基础上的升级，但是与智能制造还有很大差距。智能制造是在制造过程中能进行智能活动，如分析、推理、判断、构思和决策等。其通过人与智能机器的合作，去扩大、延伸和部分地取代技术专家在制造过程中的脑力劳动，把制造自动化扩展到柔性化、智能化和高度集成化。智能制造系统不只是人工智能系统，而是人机一体化智能系统，是混合智能。系统可独立承担分析、判断、决策等任务，突出人在制造系统中的核心地位，同时在智能机器的配合下，更好地发挥人的潜能。机器智能和人的智能真正地集成在一起，互相配合、相得益彰，其本质就是人机一体化。智能制造的特征包括产品智能化、装备智能化、生产方式智能化、管理智能化和服务智能化五个方面。

智能制造生产线系统以工业机器人技术、机器视觉技术、数控加工技术等当今世界尖端技术为核心，结合智能化信息管理软件系统组成，利用智能控制技术、网络通信技术、信息安全技术、工业软件技术、大数据识别应用技术、虚拟仿真技术，实现智能化生产排产、智能化生产过程协同、智能化互联互通、智能化生产资源管理、智能化质量过程管控、智能化决策支持等功能。生产线一般由加工、组装、检测、包装、物流、仓储等生产工序组成，同时集成了智能化排产管理、仓库物料管理、生产协同、客户订单管理等不同生产管理模块、制造执行系统，以大数据为基础，建立精准的数学分析模型，对客户下单、虚拟仿真设计、产品生产、质量监控、产品配送等各环节进行多维度智能化管理，实现自主、持续学习改进，智能化质量控制，智能生产管理的闭环控制，智能远程运维等功能。

任务实施

学习和了解智能工厂的架构，教师组织学生分组，每小组由4～6名学生组成，选定1名学习组长（负责组织和分配任务）、1名学习监督员（负责检查和记录学习

情况），完成如下学习任务。

（1）查阅资料，了解德国、美国、中国在先进制造方面的相关规划。

（2）分析图1-1-6和图1-1-7中所示的某智能工厂的架构图，描述图中各系统或设备之间的关系。

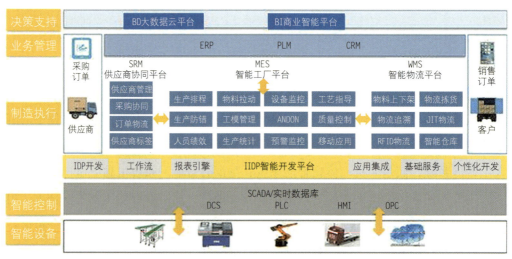

图1-1-6　某智能工厂的架构图1

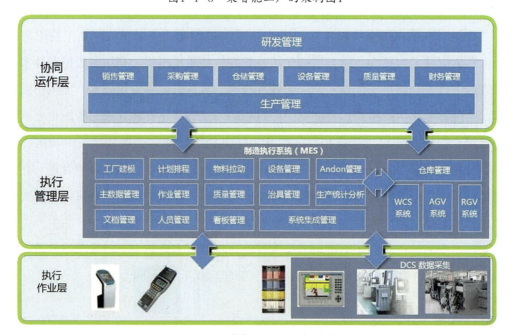

图1-1-7　某智能工厂的架构图2

（3）写出自己对中国"工业4.0"规划的认识。

（4）召开小组会议，讨论智能工厂的必备要素，规划自己心目中的智能工厂并设计架构图。

（5）召开小组会议，讨论智能制造生产线的必备要素，规划自己心目中的智能制造生产线并设计架构图。

任务考核

在完成本任务的学习后，严格按照表1-1-1的要求进行测评，并完成自我评价、小组评价和教师评价。

表1-1-1　任务1-1测评表

组别		组长		组员			
评价内容			分值	自我评分	小组评分	教师评分	
职业素养	1. 出勤准时率		6				
	2. 学习态度		6				
	3. 承担任务量		8				
	4. 团队协作性		10				
专业能力	1. 工作准备的充分性		10				
	2. 工作计划的可行性		10				
	3. 功能分析完整、逻辑性强		25				
	4. 总结展示清晰、有新意		25				
总计			100				
个人的工作时间			提前完成				
			准时完成				
			滞后完成				

个人认为完成得好的地方：

值得改进的地方：

小组综合评价：

组长签名：　　　　　　　　教师签名：

 **SX-TFI4智能制造生产线的基本机构**

学习目标

1. 了解SX-TFI4智能制造生产线的组成。
2. 了解SX-TFI4智能制造生产线的基本设计思路。

任务描述

　　公司接到客户订单，要求设计一条生产线实现四种规格步进电机的生产，因此公司基于工业4.0设计了SX-TFI4智能制造生产线。本任务的主要内容是通过参观SX-TFI4智能制造生产线或观看相关视频，了解SX-TFI4智能制造生产线的架构，能说出SX-TFI4智能制造生产线的主要硬件、软件及其主要功能。

学习储备

一、SX-TFI4智能制造生产线概述

　　SX-TFI4智能制造生产线是广东三向智能科技股份有限公司研发的基于工业4.0的一个小型智能工厂，包括一个智能服务中心、一个智能控制中心、一个智能加工车间、一个智能装配车间、一个智能仓储车间、若干台AGV以及MES和ERP管理系统。若按产品的生产流程，则该智能制造生产线又可分为智能服务中心、智能控制中心、智能原料仓库、智能加工区、智能绕线区、智能装配区、智能检测区、智能包装区、智能成品仓库等九个部分，SX-TFI4智能制造生产线总体布局图如图1-2-1所示。该智能制造生产线将智能控制、网络通信、信息安全、信息物联、大数据识别、虚拟仿真等技术融为一体，集成了下单、加工、组装、检测、包装、物

流和仓储等生产工序，能进行35A、35B、42A、42B共4种型号的步进电机的生产，实现了客户下单、虚拟仿真设计、产品生产、质量监控、产品配送等各环节的自动化、信息化与智能化，体现了"工业4.0"的先进理念和"中国制造2025"的先进技术。

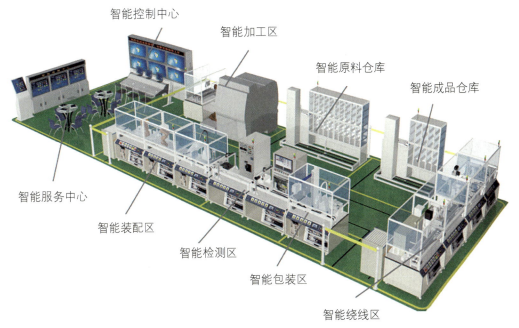

图1-2-1　SX-TFI4智能制造生产线总体布局图

1. 智能服务中心

智能服务中心由硬件和软件两部分组成，硬件部分有人机交互式触控机、下单机和移动终端（如PC机、手机、平板电脑等），软件部分使用工业设备物联网软件系统。SX-TFI4智能制造生产线通过MES加强MRP（Material Requirement Planning，物料需求计划）的执行功能，把MRP同车间作业现场控制通过执行系统联系起来。利用全公司范围内应用的、高度集成的ERP系统，使数据在各业务系统之间实现高度共享，所有源数据只需在某一个系统中输入一次，保证了数据的一致性，对公司内部业务流程和管理过程进行了优化，从而使主要的业务流程实现了自动化。

2. 智能控制中心

智能控制中心是SX-TFI4智能制造生产线的控制中枢，主要有监控管理设备、显示反馈信息等功能。智能控制中心的硬件主要由智能控制墙、控制台、中央控制柜、主配电柜、无线路由器五大部分组成，软件部分主要由ERP和MES构成。该中心

可实现对客户下单、产品加工、组装、检测、包装、物流和仓储等生产工序进行实时监控和管理，能实现客户下单、虚拟仿真设计、产品生产、质量监控、产品配送等各环节的信息化与智能化。

3. 智能加工车间

智能加工车间包括智能加工区和智能绕线区。智能加工区主要是将输送带上的原材料通过机器人进行上料、机床对零部件进行柔性加工和清洗以及下料和送料的过程，主要完成步进电机前后端盖、转轴等的加工和清洗。

智能绕线区主要完成步进电机定子绕组的绕制。由于智能绕线区的工艺流程与智能加工区类似，因此本书未对智能绕线区进行详细的描述，读者也可将智能绕线区作为智能生产线的一个备用区域来理解。

4. 智能装配车间

智能装配车间包括智能装配区和智能检测区。智能装配区由智能装配单元、智能拧螺钉单元和智能充磁单元组成，主要完成步进电机的组装工作。

智能检测区主要完成步进电机装配后的性能检测工作。

5. 智能仓储车间

智能仓储车间包括智能包装区、智能原料仓库、智能成品仓库。智能原料仓库和智能成品仓库均由料库和堆垛机组成。智能原料仓库位于生产线的最前端，通过堆垛机将料库中的原材料放至AGV上，而智能成品仓库位于生产线的最末端，通过堆垛机将AGV上的成品放入正确的料库中。

智能包装区用于实现测试合格的电机的包装和打标。

6. AGV

AGV通常也称为AGV小车，是指装备有电磁或光学等自动导引装置，能够按照规定的导引路径行驶，具有小车运行、停车装置、安全保护装置以及具有各种移载功能的运输车辆。它具有自动化程度高、方便、美观、操作安全等优点。

二、SX-TFI4智能制造生产线设计流程

（1）确定产品生产流程。SX-TFI4生产步进电机的流程如图1-2-2所示。

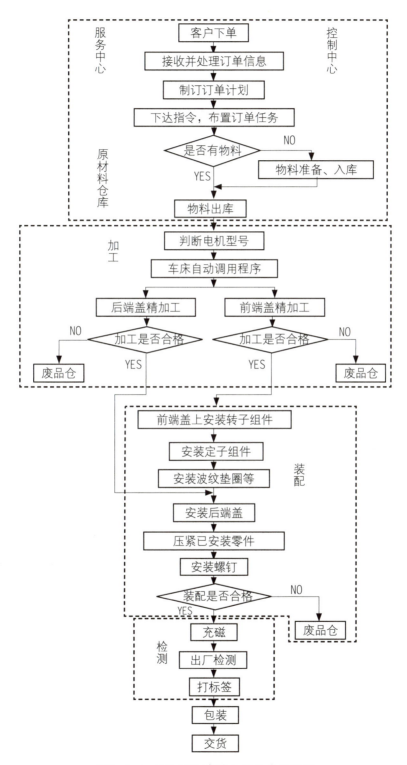

图1-2-2　SX-TFI4步进电机生产流程图

（2）仔细阅读图1-2-2，提炼工艺特征，确定SX-TFI4智能制造生产线的系统组成，如图1-2-3所示。

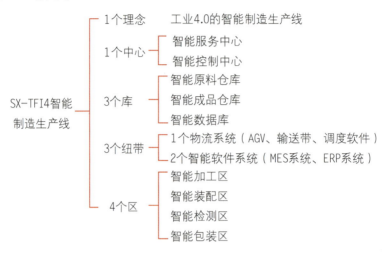

```
                          ┌ 1个理念    工业4.0的智能制造生产线
                          │
                          │ 1个中心    ┌ 智能服务中心
                          │            └ 智能控制中心
                          │
                          │            ┌ 智能原料仓库
                          │ 3个库      ┤ 智能成品仓库
SX-TFI4智能              ─┤            └ 智能数据库
制造生产线                │
                          │ 3个纽带    ┌ 1个物流系统（AGV、输送带、调度软件）
                          │            └ 2个智能软件系统（MES系统、ERP系统）
                          │
                          │            ┌ 智能加工区
                          │ 4个区      │ 智能装配区
                          └            ┤ 智能检测区
                                       └ 智能包装区
```

图1-2-3　SX-TFI4系统组成

（3）根据图1-2-3，确定系统拓扑结构，如图1-2-4所示。

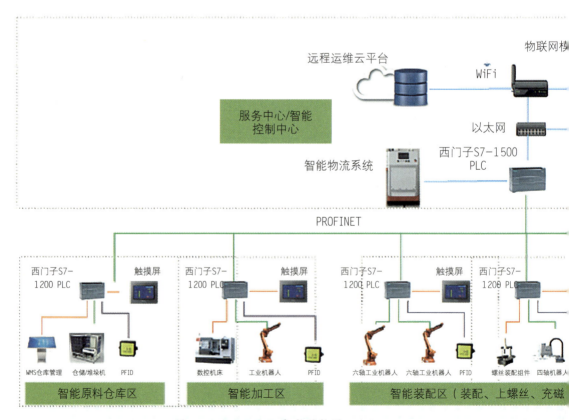

图1-2-4　SX-TFI4拓扑结构图

（4）确定场地布置图，如图1-2-5所示。

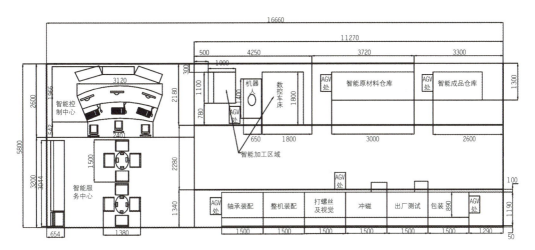

图1-2-5　SX-TFI4场地布置图

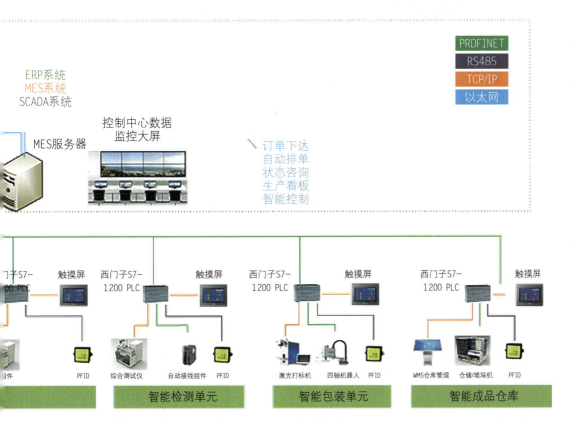

（5）确定软件系统结构，如图1-2-6所示。

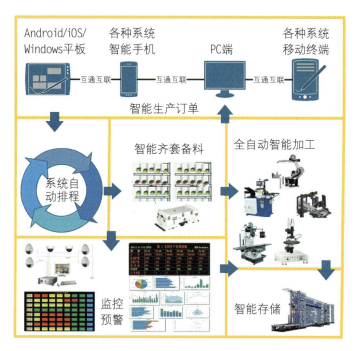

图1-2-6　SX-TFI4软件系统结构

任务实施

参观SX-TFI4智能制造生产线，教师组织学生分组，每小组由4~6名学生组成，选定1名组长（负责组织和分配任务）、1名安全监督员（负责操作时的安全监督和记录），完成如下学习任务。

（1）请注意如图1-2-7所示的安全警示标志，分别说出是什么含义。

必须戴防护眼镜　必须戴遮光护目镜　必须戴防尘口罩　必须戴防毒面具

必须戴护耳器　必须戴安全帽　必须戴防护帽　必须系安全带

必须穿救生衣　必须穿防护服　必须戴防护手套　必须穿防护鞋

必须洗手　必须加锁　必须接地　必须拔出插头

图1-2-7　安全警示标志

（2）请注意如图1-2-8所示的安全等级标志，说明其分别适合什么场合。

 注意　 危险　 严禁

图1-2-8　安全等级标志

（3）请拍照并学习生产车间的相关工作制度和安全管理制度。

（4）请对照图1-2-1所示的智能制造产生线总体布局图，找到对应的实物，并拍照学习。

（5）观察SX-TFI4智能制造生产线的运行，对设备的工作流程有初步的认识，并录像学习。

（6）画出SX-TFI4智能制造生产线的架构图。

任务考核

在完成本任务的学习后，严格按照表1-2-1的要求进行测评，并完成自我评价、小组评价和教师评价。

表1-2-1　任务1-2测评表

组别		组长		组员		
评价内容			分值	自我评分	小组评分	教师评分
职业素养	1. 出勤准时率		6			
	2. 学习态度		6			
	3. 承担任务量		8			
	4. 团队协作性		10			
专业能力	1. 工作准备的充分性		10			
	2. 画出SX-TFI4智能制造生产线的架构图，功能完整，层次性好		10			
	3. 列出SX-TFI4智能制造生产线的主要设备名称和作用		25			
	4. 总结展示清晰、有新意		25			
总计			100			

（续表）

组别		组长		组员			
评价内容				分值	自我评分	小组评分	教师评分
个人的工作时间				提前完成			
				准时完成			
				滞后完成			

个人认为完成得好的地方：

值得改进的地方：

小组综合评价：

组长签名：　　　　　　　　　　教师签名：

项目二
智能制造生产线服务中心的
设计与实践

项目导入

　　SX-TFI4智能制造生产线的服务中心是客户人机交互式体验区。客户用移动终端可以完成订单下发、查看、库存查询、报表查询等工作。

　　本项目分为以下三个学习任务：

　　任务一　智能制造生产线服务中心的功能需求分析

　　任务二　智能制造生产线服务中心的系统设计

　　任务三　智能制造生产线服务中心的操作与维护

　　希望通过本项目的学习，读者能了解6S管理方法，能进行智能制造生产线服务中心的功能需求分析，熟悉智能制造生产线服务中心工作机制和流程，能利用智能制造生产线服务中心设备进行下单实践和系统运行操作，并能进行常见故障的排除。

 智能制造生产线服务中心的功能需求分析

① 了解安全生产制度及6S管理方法。

② 能对智能服务中心进行功能需求分析。

③ 掌握智能服务中心应具备的基本要素和功能。

任务描述

参观智能制造生产线或观看智能制造生产线相关视频，了解车间安全生产制度及6S管理方法。以智能服务中心为具体实施对象，对智能服务中心的功能进行分析及梳理，从而总结出智能服务中心应具备的功能，为后续智能服务中心工艺流程设计及硬件选型工作打下基础。

学习储备

一、安全生产管理制度

安全生产管理制度是企业为保障安全生产而制定的一系列条文，它建立的目的是控制风险并将危害降到最小。

企业在制定安全生产管理制度时，需要考虑以下几个方面：

（1）考虑存在什么风险，需要从哪些方面控制风险。

（2）考虑各个环节之间的关系。

（3）考虑各个环节实现的具体要求。

（4）考虑法律法规的要求，将法律法规的条款转化为制度的内容。

（5）考虑制度中需要被追溯的内容，设置并保存记录。

企业在制定安全生产管理制度时，需要遵循以下原则：

（1）制度是为加强企业生产工作的劳动保护、改善劳动条件、保护劳动者在生产过程中的安全和健康、促进企业的发展，并依据有关的法律法规而制定的。

（2）企业的安全生产工作必须贯彻"安全第一、预防为主、综合治理"的方针，贯彻执行法定代表人负责制，各级领导要坚持"管生产必须管安全"的原则，生产要服从安全的需要，实现安全生产和文明生产。

（3）对在安全生产方面有突出贡献的团体和个人要给予奖励；对违反安全生产制度和操作规程造成事故的责任者，要给予严肃处理；触犯刑律的，交由司法机关论处。

结合安全生产管理制度的基本原则和智能制造生产线的特殊性，特制定智能制造生产线的安全生产管理制度如下：

智能制造生产线安全操作规程

开机前准备：

（1）学员或操作者应该首先了解本设备的结构和工作原理，必须经过专业培训方可上机操作。

（2）学员须在老师监督或者老师允许的情况下才可以上机练习，在自动化程序实操前也必须经过老师的检查、同意。

（3）操作者须扣好衣袖，留长发者须将长发盘入工作帽内。

开机前检查：

（1）启动前应检查设备各个单元的电气开关，电源接线应牢固，接地要良好，检查场地周围是否安全可靠，确定一切正常后设备方可上电。

（2）启动前应检查设备各个执行机构是否完好，AGV是否在"待命点"且行走轨迹无障碍物，电量是否充足。

操作：

（1）各单元设备接通电源，单元设备选择"联机"模式，机器人选择"自动"模式，检查正常后按"复位"按钮。

（2）控制中心各电脑与服务器开启，打开MES。

（3）待各单元设备的机构复位完成，检查各单元设备是否有异常警报，并检查

各单元气压是否达到0.4～0.6 MPa，检查无异常后按"启动"按钮。

（4）若设备在运行中出现异常状况，须及时按下"急停"按钮，确认安全后方可处理异常状况。

（5）生产完成或操作完毕，按"停止"按钮，然后按"关"切断设备的电源，最后关总电源。

（6）巡查检视设备各单元，检查是否有漏液等异常状况，并清理现场废液、废屑，确认无事故隐患后方可离开。

注意事项：

（1）当各单元设备正常运行时，人员不能进入AGV的行走轨迹，以免妨碍AGV正常行走或AGV对人员产生碰撞伤害。

（2）人员不能在机器人机械臂活动范围内，防止机器人伤人。

（3）人员不能随意打开数控车床与加工中心的自动门，防止机器损坏或者机器伤人。

（4）人员不能随意触碰正在运行的各模型机构，防止夹伤。

（5）禁止用手直接触碰电气挂板上的电气元件，防止触电。

（6）设备运行时，严禁用手调整、测量工件或进行润滑保护、清除杂物、擦拭设备等。

二、6S管理方法

6S管理是一种管理模式，于20世纪50年代兴起于日本。6S即整理（SEIRI）、整顿（SEITON）、清扫（SEISO）、清洁（SEIKETSU）、素养（SHITSUKE）和安全（SECURITY），因为六项内容的英文单词都以"S"开头，所以简称6S管理。

（1）整理：将工作场所的任何物品都区分为有必要和没有必要的，把有必要的留下来，没有必要的消除掉。目的是腾出空间、空间活用、防止误用，打造清爽的工作场所。

（2）整顿：把留下来的必要的物品依规定位置摆放，并放置整齐加以标识。目的是工作场所一目了然，消除寻找物品的时间，消除过多的积压物品，营造整整齐齐的工作环境。

（3）清扫：将工作场所内看得见与看不见的地方清扫干净，保持工作场所干净、整洁。目的是稳定品质，减少工业伤害。

（4）清洁：将整理、整顿、清扫进行到底，并且制度化，经常保持环境处在美观的状态。目的是创造明朗现场，维持以上3S成果。

（5）素养：每位成员养成良好的习惯，并遵守规则做事，培养积极主动的精神（也称习惯性）。目的是培养习惯良好、遵守规则的员工，形成团队精神。

（6）安全：重视成员安全教育，使其每时每刻都有安全第一的观念，防患于未然。目的是建立起安全生产的环境。

6S管理并不是孤立存在的，它们之间彼此关联：整理、整顿、清扫是具体内容；清洁是指将前述3S实施的做法制度化、规范化，并贯彻执行和维持结果；素养是指培养每位员工养成良好的习惯，并遵守规则做事，开展6S管理容易，但长时间的维持必须靠素养的提升；安全是基础，要尊重生命，杜绝违章。

对于6S管理的实施，企业要制定最优标准，对员工管理要有明确规范，持续推行，通过训练员工的规范性从而提升团队的整体素养。员工也要将规范做事当成一种习惯，形成一种本能的自然反应，这样才能真正使6S管理长久高效。

三、人机交互技术

智能服务中心的主要功能是实现客户的人机交互体验。人机交互技术是指通过计算机输入、输出设备，以有效的方式实现人与计算机对话的技术。简言之，人机交互技术主要是研究人与计算机之间的信息交换的技术，它主要包括人到计算机和计算机到人的信息交换两部分。人可以借助键盘、鼠标、操纵杆、数据服装、数据手套、压力笔等设备，通过肢体、声音、眼睛甚至脑电波等向计算机传递信息。同时，计算机通过打印机、绘图仪、显示器、头盔式显示器等输出或显示设备向人提供信息。

当前，虚拟现实、移动计算、普适计算等新技术发展迅速，对人机交互技术提出了新的挑战和更高的要求，同时也提供了新的机遇。虚拟现实技术是近年来发展迅速的一种人机交互技术，它的发展和进步极大地推动了人机交互技术的发展。虚拟现实是借助计算机及硬件设备，建立高度真实感的虚拟环境，使人们通过视觉、听觉、嗅觉、触觉、味觉等感觉都像真实的，以产生身临其境的一种技术。虚拟现实技术有三个鲜明特征，即真实感、沉浸感和交互性。其中，自然和谐的交互方式

是虚拟现实技术的一个重要研究内容，其目的是使人能以声音、动作、表情等自然方式与虚拟世界中的对象进行交互。人们除了致力于研究、开发虚拟友好的用户界面外，还发明了大量的三维交互设备，如立体眼镜、头盔式显示器、数据服装、数据手套、位置追踪器、触觉和力反馈装置、三维扫描设备等等。虽然人机交互并不是虚拟现实的全部，但虚拟现实为人机交互的研究提供了很好的媒介。

近年来，在人机交互领域，创新精神正在被唤醒。视频捕捉、语音识别、红外遥感、多通道等技术的整合发展，必然给人机交互技术带来前所未有的突破。在未来的计算机系统中，将更加强调"以人为本""自然、和谐"的交互方式，以实现人机的高效合作。

四、物料需求计划（MRP）

MRP是指根据产品结构各层次物品的从属和数量关系，以每个物品为计划对象，以完工时期为时间基准倒排计划，按提前期长短区别各个物品下达计划时间的先后顺序的一种工业制造企业内物资计划管理模式。MRP是根据市场需求预测和顾客订单制订产品的生产计划，然后基于产品生成进度计划，组成产品的材料计划表和库存状况，通过计算机计算物料的需求量和需求时间，从而确定材料的加工进度和订货日程的一种实用技术。

MRP运行基本步骤如下：

（1）根据市场需求预测和客户订单，正确编制可靠的生产计划和生产作业计划，在计划中规定生产的品种、规格、数量和交货日期，同时，生产计划必须是同现有生产能力相适应的计划。

（2）正确编制产品结构图和各种物料、零件的用料明细表。

（3）正确掌握各种物料和零件的实际库存量。

（4）正确规定各种物料和零件的采购、交货日期，以及订货周期和订购批量。

（5）通过MRP逻辑运算确定各种物料和零件的总需要量以及实际需要量。

（6）向采购部门发出采购通知单或向本企业生产车间发出生产指令。

五、智能服务中心的组成

SX-TFI4智能制造生产线的智能服务中心包含硬件和软件两部分。硬件设备主要有人机交互式触控机和下单机、移动终端等。软件主要指工业设备物联网软件系统，如ERP、MES等。

一、制订工作计划

（1）工作组织：教师组织学生分组，每小组由4～6名学生组成，选定1名组长（负责组织和分配任务），1名安全监督员（负责操作时的安全监督和记录）。

（2）接受任务：教师引导学生阅读任务单，完成任务单（表2-1-1）的填写。

表2-1-1　任务2-1工作任务单

SX-TFI4智能制造生产线智能服务中心功能需求分析任务单	
单号：No.　　　　　开单部门：　　　　　　开单人：	
开单时间：　　　　　　　　　　接单部门：	
任务描述	参观智能制造生产线，了解工厂安全生产制度及6S管理方法。以智能服务中心为具体实施对象，对智能服务中心的功能进行分析及梳理，从而总结出智能服务中心应具备的功能
要求完成时间	
接单人	签名：　　　　　　　时间：

（3）工作计划表：制订详细的工作计划，并填入表2-1-2。

表2-1-2　任务2-1工作计划表

阶段	任务说明	计划工作内容	计划完成时间	责任人

二、参观智能制造生产线

学习相关知识，记录智能制造生产线的参观情况，并完成功能分析表的制作。

（1）任务准备：完成表2-1-3的填写。

表2-1-3　任务2-1安全措施表

序号	安全措施	目的

（2）记录参观情况，填写智能服务中心的组成，分析各组成部分的功能，并填入表2-1-4。

表2-1-4　智能服务中心组成部分功能表

序号	组成部分（名称）	功能

（3）思考：智能服务中心的组成设备中哪些属于人机交互设备？

三、工作总结

（1）对照表2-1-2，采用小组会议方式讨论任务完成情况。

（2）制订工作总结提纲，完成工作总结。

任务考核

－ ▢ ✕

在完成本任务的学习后，严格按照表2-1-5的要求进行测评，并完成自我评价、小组评价和教师评价。

表2-1-5 测评表

组别		组长		组员			
评价内容				分值	自我评分	小组评分	教师评分
职业素养	1. 出勤准时率			6			
	2. 学习态度			6			
	3. 承担任务量			8			
	4. 团队协作性			10			
专业能力	1. 工作准备的充分性			10			
	2. 工作计划的可行性			10			
	3. 功能分析完整、逻辑性强			25			
	4. 总结展示清晰、有新意			25			
总计				100			
个人的工作时间				提前完成			
				准时完成			
				滞后完成			

个人认为完成得好的地方：

值得改进的地方：

小组综合评价：

组长签名：　　　　　　　　教师签名：

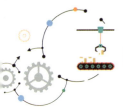

智能制造生产线服务中心的系统设计

① 了解智能服务中心的工艺流程，掌握智能服务中心工艺流程的特点与关键工序。

② 了解智能服务中心的设计方法和步骤。

③ 能结合生产实际，进行系统方案设计和软硬件选型。

 任务描述

以智能制造生产线智能服务中心为具体实施对象，分析其详细的工艺流程，实现智能服务中心的综合方案设计，并对软硬件进行选型，为后续系统的组装、调试做必要的规划与准备。

 学习储备

一、现场总线

现场总线是适用于现场电器、仪表及设备与控制室主机系统之间的一种开放、全数字化、双向、多站的通信系统，是现场通信网络与控制系统的集成。通俗地讲，现场总线是用在现场的总线技术。传统控制系统的接线方式是一种并联接线方式，由PLC控制各个电气元件，每一个元件对应有一个I/O（Input/Output，输入/输出）端口，两者之间用两根线进行连接，作为控制信号或电源。当PLC所控制的电气元件数量达到数十个甚至数百个时，整个系统的接线就显得十分复杂，施工和维护都十分不方便。为此，人们思考怎样把那么多的导线合并到一起，用一根导线来连

接所有设备，所有的数据和信号都在这根线上流通，同时设备之间的控制和通信可任意设置。因而这根线自然而然地被称为总线，且由于受控对象都在现场，因此被称为现场总线。

现场总线控制系统（Fieldbus Control System，简称FCS）就是在现场总线的基础上，将挂接在总线上作为网络节点的智能设备连接为网络系统，并进一步构成自动化系统，实现基本控制、补偿计算、参数修改、报警、显示、监控、优化及管控一体化的综合自动化系统。FCS在技术上具有系统的开放性、可操作性、互用性，对现场环境的适应性和系统结构的高度分散性等特点。

现场总线在其发展过程中呈现出百花齐放的态势。据不完全统计，目前国际上有40多种现场总线。导致多种现场总线同时发展的原因有两个：一是工业技术的迅速发展，使得现场总线技术在各种技术背景下得以快速发展，并且迅速得到普及，但是普及的层面受不同技术发展的侧重点不同而各不相同；二是工业控制领域"高度分散、难以垄断"，这和家用电机技术的普及不同，工业控制所涵盖的领域往往是多学科、多技术的边缘学科，在一个领域得以推广的总线技术到了另一个新的领域有可能寸步难行。到目前为止，现场总线的国际标准迟迟不能建立，使得多标准并存现象仍会持续。目前常用的几种典型的现场总线包括PROFIBUS现场总线、Foundation Fieldbus现场总线、CAN现场总线、DeviceNet现场总线、Ethernet现场总线、Modbus现场总线、PROFINET现场总线等。

由于SX-TFI4智能制造生产线中使用了PROFINET总线进行通信，因此下文将对其进行详细介绍。

二、PROFINET现场总线

PROFINET现场总线为自动化通信领域提供了一个完整的网络解决方案，囊括了诸如实时以太网、运动控制、分布式自动化、故障安全以及网络安全等当前自动化领域的关键技术。并且，作为跨供应商的技术，PROFINET可以完全兼容工业以太网和现有的现场总线（如PROFIBUS）技术。其功能包括八个主要的模块。

1. 实时通信模块

根据响应时间的不同，PROFINET支持下列三种通信方式：

（1）TCP/IP标准通信模块。

PROFINET基于工业以太网技术，使用TCP/IP和IT标准。TCP/IP是IT领域关于通信协议方面的标准，虽然其响应时间大概在100 ms的量级，但对于工厂控制级的应用来说是足够的。

（2）实时（Real-Time，简称RT）通信模块。

对于传感器和执行器设备之间的数据交换，系统对响应时间的要求更为严格，一般需要5~10 ms的响应时间。目前，可以使用现场总线技术达到这个响应时间，如PROFIBUS-DP。对于基于TCP/IP的工业以太网技术来说，使用标准通信栈来处理过程数据包，需要充足的时间。因此，PROFINET提供了一个优化的、基于以太网第二层的实时通信通道，通过该实时通道，极大地减少了数据在通信栈中的处理时间。所以PROFINET获得了等同于甚至超过传统现场总线系统的实时性能。

（3）同步实时（Isochronous Real-Time，简称IRT）通信模块。

在现场级通信中，对通信实时性要求最高的是运动控制，PROFINET的同步实时技术可以满足运动控制的高速通信需求，在100个节点下，其响应时间要小于1 ms，抖动误差要小于1 μs，以此来保证及时的、确定的响应。

2. 分布式现场设备模块

通过集成PROFINET接口，分布式现场设备可以直接连接到PROFINET上。对于现有的现场总线通信系统，可以通过代理服务器实现与PROFINET的透明连接。例如，通过IE/PB Link（PROFINET和PROFIBUS之间的代理服务器）可以将一个PROFIBUS网络透明地集成到PROFINET当中，PROFIBUS各种丰富的设备诊断功能同样也适用于PROFINET。对于其他类型的现场总线，可以通过同样的方式，使用一个代理服务器将现场总线网络接入PROFINET中。

3. 运动控制模块

通过PROFINET的IRT功能，可以轻松地实现对伺服运动控制系统的控制。在PROFINET同步实时通信中，每个通信周期被分成两个不同的部分，一个是循环的、确定的部分，称为实时通道；另外一个是标准通道，标准的TCP/IP数据通过这个通道传输。在实时通道中，为实时数据预留了固定循环间隔的时间窗，而实时数据总是按固定的次序插入，因此，实时数据就在固定的间隔被传送，循环周期中剩余的时间用来传递标准的TCP/IP数据。两种不同类型的数据就可以同时在PROFINET上传递，而且不会互相干扰。通过独立的实时数据通道，保证对伺服运动系统的可靠控制。

4. 分布式自动化模块

随着现场设备智能程度的不断提高，自动化控制系统的分散程度也越来越高。工业控制系统正由分散式自动化向分布式自动化演进，因此，基于组件的自动化（Component Based Automation，简称CBA）成为新的趋势。工厂中相关的机械部件、电气/电子部件和应用软件等具有独立工作能力的工艺模块被抽象成为一个封装好的组件，各组件间使用PROFINET连接。通过SIMATIC iMap软件，即可用图形化组态的方式实现各组件间的通信配置，不需要另外编程，大大简化了系统的配置及调试过程。

模块化的实施，显著降低机器和工厂建设中的组态与上线调试时间。在使用分布式智能系统或可编程现场设备、驱动系统和I/O时，可以扩展使用模块化理念，从机械应用扩展到自动化解决方案。另外，也可以将一条生产线的单个机器作为生产线或过程中的一个"标准模块"进行定义。对设备与工厂设计者而言，工艺模块化变得更容易，能更好地对设备与系统进行标准化和再利用，使工厂能够对不同的客户要求作出更快、更灵活的反应。若对各台设备和厂区提前进行测试，能极大地缩短系统上线调试的时间。作为系统操作者，从现场层到管理层，都可以从IT标准的通用通信中获得好处，对现有系统进行扩展也变得容易。

5. 网络安装模块

PROFINET支持星形、总线形和环形拓扑结构。为了减少布线费用，并保证高度的可用性和灵活性，PROFINET提供了大量的工具帮助用户方便地实现PROFINET的安装。特别设计的工业电缆和耐用连接器在PROFINET框架内形成标准化，保证了不同制造商的设备之间的兼容性。

6. IT标准模块

PROFINET的一个重要特征就是可以同时传递实时数据和标准的TCP/IP数据。在其传递TCP/IP数据的公共通道中，各种已验证的IT技术都可以使用。在使用PROFINET的时候，使用这些IT标准服务加强对整个网络的管理和维护，节省了调试和维护成本。

7. 信息安全模块

PROFINET实现了从现场层到管理层的纵向通信集成：一方面，方便管理层获取现场层的数据；另一方面，原本在管理层存在的数据安全性问题也延伸到了现场层。为了保证现场层控制数据的安全，PROFINET提供了特有的安全机制，通过使用专用的安

智能制造生产线的运行与维护

全模块，可以保护自动化控制系统，使自动化通信网络的安全风险最小化。

8. 故障安全和过程自动化模块

（1）故障安全。

在过程自动化领域中，故障安全是相当重要的一个概念。所谓故障安全，即指当系统发生故障或出现致命错误时，系统能够恢复到安全状态（即"零"态）。在这里，安全有两个方面的含义，一方面指操作人员的安全，另一方面指整个系统的安全，因为在过程自动化领域中，系统出现故障或致命错误很可能会导致整个系统的爆炸或毁坏。故障安全机制就是用来保证系统在出现故障后可以自动恢复到安全状态，不会对操作人员和过程控制系统造成损害。PROFINET集成了PROFIsafe功能安全通信行规，实现了IEC61508中规定的SIL3等级的故障安全，很好地保证了整个系统的安全。

（2）过程自动化。

PROFINET不仅可以用于工厂自动化场合，也同时应用于过程自动化。工业界针对工业以太网总线供电，及以太网应用在本质安全区域的问题的讨论正在形成标准或解决方案。通过代理服务器技术，PROFINET可以无缝地集成现场总线PROFIBUS和其他总线标准。目前，PROFIBUS是世界范围内唯一可覆盖从工厂自动化场合到过程自动化应用的现场总线标准。集成PROFIBUS现场总线解决方案的PROFINET是过程自动化领域应用的完美体验。

一、制订工作计划

（1）工作组织：教师组织学生分组，每小组由4~6名学生组成，选定1名组长（负责组织和分配任务），1名安全监督员（负责操作时的安全监督和记录）。

（2）接受任务：教师引导学生阅读任务单，完成任务单（表2-2-1）的填写。

表2-2-1　任务2-2工作任务单

SX-TFI4智能制造生产线智能服务中心方案设计任务单		
单号：No.＿＿＿＿＿＿	开单部门：＿＿＿＿＿＿	开单人：＿＿＿＿＿
开单时间：＿＿＿＿＿＿＿＿	接单部门：＿＿＿＿＿＿＿＿	
任务描述	以智能制造生产线智能服务中心为具体实施对象，分析其详细的工艺流程，实现智能服务中心的综合方案设计，并对软硬件进行选型	
要求完成时间		
接单人	签名：　　　　时间：	

（3）工作计划表：制订详细的工作计划，并填入表2-2-2。

表2-2-2　工作计划表

阶段	任务说明	计划工作内容	计划完成时间	责任人

二、设计系统方案

查阅资料，根据上一任务制作的功能分析表的要求设计系统方案。

（1）任务准备：调出上一任务制作的功能分析表（表2-1-4）。

（2）根据参观结果，梳理智能制造生产线的智能服务中心的工作流程。具体工作流程可参照图2-2-1。

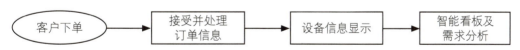

图2-2-1　智能服务中心的工作流程图

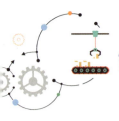

（3）根据参观结果，整理智能服务中心智能看板的工艺流程，如图2-2-2所示。

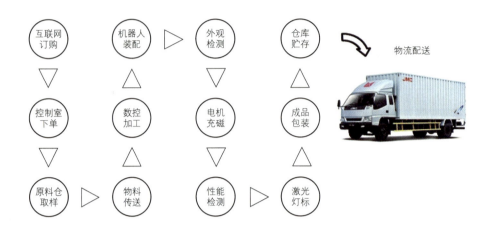

图2-2-2 智能服务中心智能看板的工艺流程图

（4）根据参观结果，记录智能服务中心的主要设备，描述其主要功能与特点，并分析主要参数及配置要求。智能服务中心主要设备的功能及特点等可参见表2-2-3。

表2-2-3 智能服务中心的主要设备及其功能、特点和参数配置

区域	主要设备	功能与特点描述	主要配置
智能服务中心	工业设备物联网软件系统（ERP和MES构成）	（1）系统实时采集各设备运行数据信息，包括故障报警信息、启动/停止状态等； （2）所有设备监控数据存储于云服务器中，永久保存，用户不需要另外架设服务器； （3）系统可以设置任何信息为关键监控点，通过关键监控点设置系统报警点，一旦系统报警点发生报警，报警信息将以短信方式发送到事先设置好的设备管理员或设备厂家的手机上； （4）系统管理员可以通过系统远程操作设备，包括启动/停止设备、修改运行参数、读取设备程序、修改设备程序、强制程序数据等，实现远程数据分析、远程维护和产品远程改进； （5）系统所有远程操作都通过网页界面操作，不需要安装桌面软件，可以用PC、iPad、智能手机等各种终端设备进行远程登录、远程监控与操作设备，在手机等移动终端既可以用网页登录，也可以用App登录； （6）系统设置一个管理员，可以设置多用户，管理员可以管理和分配其他用户的操作权限，管理员和其他用户都凭账号和密码登录	（1）物联网系统接入模块； （2）物联网软件系统； （3）基本信息模块； （4）用户管理模块； （5）硬件维护模块； （6）远程操作模块； （7）报警与维护记录模块

续表

区域	主要设备	功能与特点描述	主要配置
智能服务中心	客户服务终端	（1）向客户介绍本企业的基本情况； （2）向客户展示本项目的优势与潜在价值； （3）根据客户的需求，通过网络给车间生产线下订单； （4）能实时查看订单进度，让客户随时了解生产情况； （5）把客户的反馈意见提交给控制中心，以便及时调整与改进	（1）平板电脑； （2）智能手机； （3）智能触控一体机

（5）主要功能硬件选型：在系统方案设计的基础上，根据功能需求完成系统的硬件选型。SX-TFI4智能制造生产线的智能服务中心所采用的硬件配置如表2-2-4所示。

表2-2-4　智能服务中心设备配置表

序号	物料名称	型号规格	单位	数量	备注
1	服务中心柜	SX-TFI4-01-01-00	套	1	服务中心枢纽
2	42寸壁挂Q系列智能触控一体机	HY-Q42LTPC	台	4	人机交互看板
3	多功能排插	GN-109K -6位-3m	个	2	—
4	服务中心服务台	SX-TFI4-01-04-00	台	2	移动终端服务区
5	椅子	SX-TFI4-01-05-00	把	6	客户休闲区

三、工作总结

（1）通过小组会议方式讨论任务完成情况。

（2）制订工作总结提纲，完成工作总结。

─ ▢ ✕

任务考核

在完成本任务的学习后，严格按照表2-2-5的要求进行测评，并完成自我评价、小组评价和教师评价。

表2-2-5　任务2-2测评表

组别		组长		组员			
评价内容				分值	自我评分	小组评分	教师评分
职业素养	1. 出勤准时率			6			
	2. 学习态度			6			
	3. 承担任务量			8			
	4. 团队协作性			10			
专业能力	1. 工作准备的充分性			10			
	2. 工作计划的可行性			10			
	3. 功能分析完整、逻辑性强			25			
	4. 总结展示清晰、有新意			25			
总计				100			
个人的工作时间				提前完成			
				准时完成			
				滞后完成			

个人认为完成得好的地方：

值得改进的地方：

小组综合评价：

组长签名：　　　　　　　　　教师签名：

智能制造生产线服务中心的操作与维护

学习目标

① 能根据已选硬件进行智能服务中心的组装。

② 掌握智能服务中心各硬件的基本功能与特性。

③ 完成智能服务中心的系统调试，并能结合故障查询表排除常见故障。

任务描述

　　以智能制造生产线智能服务中心为具体实施对象，依据下单工艺流程及硬件选型进行系统的组装与调试，最终使智能服务中心按预期目标稳定运行，并能结合故障查询表排除常见故障。

任务实施

一、制订工作计划

　　（1）工作组织：教师组织学生分组，每小组由4～6名学生组成，选定1名组长（负责组织和分配任务），1名安全监督员（负责操作时的安全监督和记录）。

　　（2）接受任务：教师引导学生阅读任务单，完成任务单（表2-3-1）的填写。

表2-3-1　任务2-3工作任务单

SX-TFI4智能制造生产线智能服务中心的操作与维护任务单	
单号：No.　　　　　　　开单部门：　　　　　　　开单人：	
开单时间：　　　　　　　　　　　接单部门：	
任务描述	以智能制造生产线服务中心为具体实施对象，依据下单工艺流程及硬件选型进行系统的组装与调试，最终使智能服务中心按预期目标稳定运行，并能结合故障查询表排除常见故障
要求完成时间	
接单人	签名：　　　　　　　时间：

（3）工作计划表：制订详细的工作计划，并填入表2-3-2。

表2-3-2　任务2-3工作计划表

阶段	任务说明	计划工作内容	计划完成时间	责任人

二、系统的硬件组装与调试

（1）任务准备：准备好电工工具包、扳手等必要的工具。

（2）设备的安装。

1）设备摆放按照场地要求可调整摆放。

2）连接壁挂Q系列智能触控一体机。

3）将从智能控制中心过来的网线插入壁挂Q系列智能触控一体机。

（3）操作说明。

1）电源开启：打开排插上220 V电源开关后，点击开启壁挂Q系列智能触控一体机，之后打开电源开关，再点击一体机正面板上的电脑开关，启动壁挂Q系列智能触控一体机。

2）使用移动终端下单，如图2-3-1所示。

35A系列两相步进电机
☰【物料描述】

品牌：国产　　　系列名称：35A系列两相步进电机
输出轴数：单轴　　　电感精度：+-5%（整步，空载）
耐压：500VAC一分钟　　　轴向最大负载：15N

数量 1 ⌃⌄　　　库存数量　5　件
*请输入下单的数量

订单状态 一般 ▼

加入购物车　　　查看购物车

■ 产品说明

产品介绍

35AYGHW609步进电机是奥松机器人推出的一款步进电机，此款步进电机采用特殊结构、优良材质和先进的制造工艺，高性能，采用交流伺服控制原理，具有交流伺服电机运行特性。并且轴承的质量高，使用寿命长，可避免重复拆装和维修的麻烦，方便易用，高性价比!

产品参数

产品系列：35B
产品货号：RB-04MD053　　　步距角：1.8°　　　机身长L：40mm
相电压：3.6V　　　相电流：1.7A　　　步距角误差：±5%
重量：289g　　　温差：80℃　　　相电压：3.6V
引线数：4根　　　相电感：3mH

图2-3-1　移动终端下单操作界面

3）通过触摸屏启动看板观察各单元的运行状态，如图2-3-2所示。

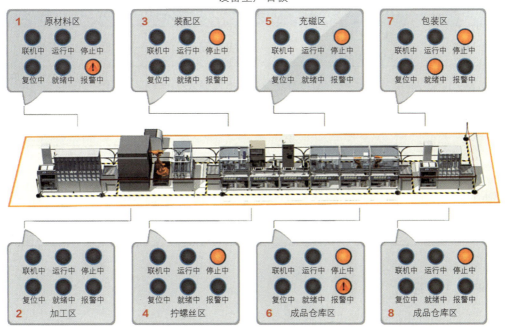

图2-3-2　看板显示界面

4）同时，可通过MES查询排班及加班情况。

三、智能服务中心日常维护与常见故障处理

（1）日常维护方法：请在切断电源，确认机器人控制器的充电指示灯熄灭后再进行检查作业，否则有可能会触电。

1）不要让触摸屏幕接触潮湿的物体，洗手之后要等手干了，再接触电脑触摸屏。

2）不要用纸巾擦拭电脑触摸屏，因为某些类型的纸巾有可能导致屏幕划痕，也不要用干的手直接扣屏幕上的污痕。

3）用干净且干燥的超细纤维布擦拭设备包括屏幕上的灰尘，超细纤维布可以用柔软的纯棉或者聚酯纤维的布代替。

4）可以将超细纤维布蘸几滴蒸馏水，但是不要完全浸湿。或者可以购买专门的触摸屏清洁剂，也可以用嘴向屏幕吹热气的方法代替。

5）用超细纤维布轻轻地擦拭电脑屏幕，不要施加任何压力。

6）使用超细纤维布轻轻地擦拭屏幕表面，以旋转的运动方式进行。

（2）常见故障排除方法：处理故障注意事项请参照表2-3-3。

表2-3-3　智能服务中心故障查询表

代码	故障现象	故障原因	解决方法
ErF001	电脑全体黑屏，指示灯不亮	无电源输入	检查电源进线
ErF002	电脑单个黑屏，指示灯不亮	无电源输入	检查单机电源进线，单机电源开关
		电脑损坏	更换同型号电脑或联系供应商
ErF003	电脑无法进入订单下达、生产看板等网络界面	无外网输入	检查外网，能否进入普通网页
		控制中心服务器关闭	检查控制中心服务器是否开启
		服务器IP地址更改	检查服务器IP地址

四、工作总结

（1）通过小组会议方式讨论任务完成情况。

（2）制订工作总结提纲，完成工作总结。

任务考核

在完成本任务的学习后，严格按照表2-3-4的要求进行测评，并完成自我评价、小组评价和教师评价。

表2-3-4　任务2-3测评表

组别		组长		组员			
评价内容			分值	自我评分	小组评分	教师评分	
职业素养	1. 出勤准时率		6				
	2. 学习态度		6				
	3. 承担任务量		8				
	4. 团队协作性		10				
专业能力	1. 工作准备的充分性		10				
	2. 工作计划的可行性		10				
	3. 功能分析完整、逻辑性强		15				
	4. 总结展示清晰、有新意		15				
	5. 安全文明生产及6S		20				
总计			100				
个人的工作时间			提前完成				
			准时完成				
			滞后完成				

个人认为完成得好的地方：

值得改进的地方：

小组综合评价：

组长签名：　　　　　　　　　教师签名：

项目三
智能制造生产线控制中心的设计与实践

项目导入

　　智能制造生产线控制中心是智能制造生产线的控制中枢，由ERP、MES和监控系统三大模块组成，可实现客户下单、虚拟仿真设计、产品生产、质量监控、产品配送的智能控制。SX-TFI4工业4.0智能制造生产线的智能控制中心可以监控管理35A、35B、42A、42B共4种规格型号的步进电机生产过程中涉及的客户下单、产品加工、组装、检测、包装、物流和仓储等各个生产工序，可实现客户下单、虚拟仿真设计、产品生产、质量监控、产品配送等各环节的信息化与智能化。

　　本项目分为以下三个学习任务：

　　任务一　智能制造生产线控制中心的功能需求分析

　　任务二　智能制造生产线控制中心的系统设计

　　任务三　智能制造生产线控制中心的操作与维护

　　希望通过本项目的学习，读者能进行智能制造生产线控制中心的功能需求分析、系统设计、系统操作，并能进行基本故障排除。

 智能制造生产线控制中心的功能需求分析

① 能对智能控制中心进行功能需求分析。

② 掌握智能控制中心应具备的基本要素和功能。

以SX-TFI4智能制造生产线的智能控制中心为具体实施对象，对智能控制中心的功能进行分析及梳理，从而总结出智能控制中心应具备的功能列表，为后续智能控制中心工艺流程设计及硬件选型打下基础。

一、智能控制中心的功能

智能控制中心是基于智能工厂的"六维智能理论"建立的控制中枢，它使智能工厂在数字化工厂的基础上，利用物联网技术和监控技术加强信息管理服务，提高生产过程的可控性，减少生产线的人工干预，并进行合理的计划排程。"六维智能理论"是要从六个维度的智能化打造智能工厂，即智能计划排产、智能生产过程协同、智能设备互联互通、智能生产资源管理、智能质量过程管控、智能决策支持，如图3-1-1所示。智能计划排产可确保计划的科学化、精准化。智能生产过程协同即是企业要从生产准备过程中实现物料、刀具、工装、工艺等的协同准备，实现车间级的协同制造，提升加工设备的有效利用率。智能设备互联互通是指企业可以通过机床联网、数据采集、大数据分析等手段实现数字化生产设备的分布式网络化

通信、程序集中管理、设备状态的实时监控等。智能生产资源管理是指利用对生产资源的入库、查询、盘点、统计分析等功能有效地避免生产资源的积压与短缺，实现库存的精益化管理，既可减少因生产资源不足带来的生产延误，也可避免生产资源的积压造成的成本增加。智能质量过程管控指在生产过程中对生产设备的制造过程参数进行实时的采集、及时的干预以确保生产质量的手段。而智能决策支持则是指系统可以对工业大数据进行深入的挖掘与分析，自动产生各种直观的统计、分析报表，为企业的决策提供帮助。该理论分别从计划源头、过程协同、设备底层、资源优化、质量控制、决策支持等六个方面着手，实现全面的精细化、精准化、自动化、信息化、网络化的智能化管理与控制，既很好地符合了德国智能工厂的定义，又能与美国工业互联网以及"中国制造2025"等理念相契合。因此，该理论也是SX-TFI4智能制造生产线的设计原则。

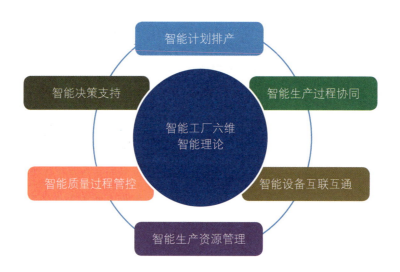

图3-1-1　智能工厂"六维智能理论"

二、智能控制中心的组成

　　智能控制中心由硬件和软件两部分组成。硬件部分由智能控制墙、控制台、中央控制柜、主配电柜和路由器等附属设备组成。硬件部分主要向软件系统提供支撑，实现整个系统的供电、控制、信息采集、监控等功能。而软件部分则是智能控制中心的核心部分，主要由ERP和MES组成，关于它们的主要功能已在前文进行了描述。

一、制订工作计划

（1）工作组织：教师组织学生分组，每小组由4~6名学生组成。选定1名组长（负责组织和分配任务），1名安全监督员（负责操作时的安全监督和记录）。

（2）接受任务：教师引导学生阅读任务单，完成任务单（表3-1-1）的填写。

表3-1-1　任务3-1工作任务单

SX-TFI4智能制造生产线智能控制中心功能需求分析任务单	
单号：No.＿＿＿＿＿＿　　　开单部门：＿＿＿＿＿＿　　　开单人：＿＿＿＿＿＿	
开单时间：＿＿＿＿＿＿＿＿　　　接单部门：＿＿＿＿＿＿＿＿	
任务描述	以智能制造生产线的智能控制中心为具体实施对象，对智能控制中心的功能进行分析及梳理，从而总结出智能控制中心应具备的功能
要求完成时间	
接单人	签名：　　　　　　时间：

（3）工作计划表：制订详细的工作计划，并填入表3-1-2。

表3-1-2　任务3-1工作计划表

阶段	任务说明	计划工作内容	计划完成时间	责任人

二、参观智能制造生产线

学习相关知识，记录智能制造生产线的相关情况，并完成功能分析表的制作。

（1）任务准备：进入智能制造生产线时应采取相应的安全措施，请填写表3-1-3。

表3-1-3　任务3-1安全措施表

序号	安全措施	目的

（2）记录参观情况，填写智能控制中心的组成，并分析各组成部分的功能，填入表3-1-4。

表3-1-4　智能控制中心组成部分功能表

序号	组成部分（名称）	功能

（3）思考：智能控制中心的主要设备是如何进行联系和数据交换的？请画出设备联系图。

三、工作总结

（1）采用小组会议方式讨论任务完成情况。

（2）制订工作总结提纲，完成工作总结。

任务考核

在完成本任务的学习后，严格按照表3-1-5的要求进行测评，并完成自我评价、小组评价和教师评价。

表3-1-5　任务3-1测评表

组别		组长		组员			
评价内容			分值	自我评分	小组评分	教师评分	
职业素养	1. 出勤准时率		6				
	2. 学习态度		6				
	3. 承担任务量		8				
	4. 团队协作性		10				
专业能力	1. 工作准备的充分性		10				
	2. 工作计划的可行性		10				
	3. 功能分析完整、逻辑性强		25				
	4. 总结展示清晰、有新意		25				
总计			100				

（续表）

组别		组长		组员			
评价内容				分值	自我评分	小组评分	教师评分
个人的工作时间				提前完成			
				准时完成			
				滞后完成			

个人认为完成得好的地方：

_____

值得改进的地方：

_____

小组综合评价：

_____

组长签名： 　　　　　教师签名：

任务二　智能制造生产线控制中心的系统设计

学习目标

① 了解智能控制中心的工艺流程，掌握智能控制中心工艺流程的特点与关键工序。

② 了解智能控制中心的设计方法和步骤。

③ 能结合生产实际，进行智能控制中心系统方案设计和硬件选型。

任务描述

以智能制造生产线智能控制中心为具体实施对象，分析其详细的工艺流程，实现智能控制中心的综合方案设计，并对硬件进行选型，为后续系统的组装、调试做必要的规划与准备。

学习储备

一、智能控制中心硬件部分功能和组成

智能控制中心的硬件主要包括智能控制墙、控制台、中央控制柜、主配电柜、无线路由器等，其主要功能和组成如下：

（1）智能控制墙：包含六个监视屏，两边四个屏用来监控生产线，中间两个屏可灵活地显示各种数据（包括ERP订单数据、MES生产过程数据、Win CC组态数据等），也可以用智能手机直接控制中间两个屏，把手机的数据在屏幕上显示出来。同时，智能控制墙还可进行订单下发、订单明细查看、订单进度查询、库存查询、人员监控、机器状态查询、报表查询、视频监控、智能看板等。

（2）控制台：主要由控制台面、工业电脑、服务器、普通电脑、移动终端（手机或者平板电脑）组成。

（3）中央控制柜：主要由主站PLC、主站触摸屏等组成。

（4）主配电柜：主要给整个工业4.0智能制造生产线进行供配电。

（5）无线路由器等：完成整套系统所需的辅助功能。

二、智能控制中心软件部分功能需求

软件部分主要包括ERP、MES和监控系统三大部分，其主要功能需求如下：

1．ERP的功能需求

（1）具有高度集成的管理模块群。

（2）可实现多核算组织、多工厂、多地点应用，能够实现集中和分布的应用模式。

（3）具备或者支持专用的质量管理、设备管理、行业特殊管理、商务智能等系统，具备和其他应用系统相关的接口，并能够与这些系统实现无缝对接。

（4）具有物流、信息流和资金流的完成过程，实现它们的过程控制。

（5）具备核算会计和管理会计功能，具备资金管理和资产管理能力。

（6）在生产管理中，至少支持基本的离散和流程业务模式，并可将两种模式混合使用。

（7）在采购和销售过程中，支持多类型、多地点的存货管理和仓库管理，支持订货过程的多维控制。

（8）在人力资源管理中，支持目标管理和绩效考核，而非简单的人事管理。

2．MES的功能需求

（1）各智能终端节点生产数据信息互联、互通、互享，形成一个真正意义上的闭环智能生产线管理平台。

（2）在保留真实企业功能业务的前提下，实现系统功能操作流程导向一体化，将复杂、不易理解的模式整合成更加直观简易，利于教师授课管理，利于学生理解和学习的模式。

（3）平台实现多终端订单下达（如手机App下单、平板电脑下单、PC端下单、各种智能终端下单等），最大限度地实现全自动。

（4）平台集成多种不同型号终端设备、智能设备、传感设备，如：安卓手机、

安卓平板、Windows PC、iOS手机、iOS平板、iOS PC、PLC、服务器、机器视觉检测仪、机床、铣床、机器人、AGV、亮灯拣选系统、自动化立体仓库、视频监控、电子看板、自动输送线、光电传感器、温湿度传感器等。

（5）平台以工业柔性加工项目为设计目标，可全自动化、高效率、高精度地制造工业级产品，可通过射频技术存储并追踪各工序的生产信息。

（6）通过上位机智能工厂管理平台，可实现生产信息存储、追踪功能和柔性排产计划功能，从而有效记录、统计、追踪、变换生产质量和效率。

（7）移植企业运营管理模式，将传统制造业通过互联网思维优化、整合，与信息物联无缝集成，并且转化为高校职业教学新利器。

（8）实现远程订单下达、远程生产进度监管、远程生产车间视频监控、实时生产进度查询、设备能耗监控、报表远程查询。

3.监控系统的功能需求

（1）实时性：监控系统实时性，是监控系统最核心的要求。

（2）安全性：监控系统具有安全防范和保密措施，防止外界非法侵入系统及非法操作。

（3）可扩展性：监控系统设备采用模块化结构，系统能够在监控规模、监控对象或监控要求等发生变更时，方便灵活地在硬件和软件上进行扩展，不需要改变网络的结构和主要的软硬件设备。

（4）开放性：监控系统遵循开放性原则，提供符合国际标准的软件、硬件、通信、网络、操作系统和数据库管理系统等诸多方面的接口与工具，具备良好的灵活性、兼容性、扩展性和可移植性。

（5）标准性：监控系统所采用的设备及技术符合国际通用标准。这能够给客户一个安心的保证。

（6）灵活性：监控系统组网方式灵活，系统功能配置灵活，能够充分利用现有视频监控子系统网络资源。系统将其他子系统都融入其中，能满足不同监控单元的业务需求，软件功能全面，配置方便。

（7）先进性：监控系统是在满足可靠性和实用性的前提下尽可能先进的系统。整个系统在建成后的十年内保持先进，系统所采用的设备与技术能适应以后发展，并能够方便地升级。将成为一个先进、适应未来发展、可靠性高、保密性好、网络扩展简便、连接数据处理能力强、系统运行操作简便的系统。

（8）实用性：视频监控系统具备完成工程中所要求功能的能力和水准。系统符合本工程实际需要的国内外有关规范的要求，并且实现容易、操作方便。从用户角度出发，充分利用现有资源，尽量降低系统成本，使系统具有较高的性价比。

任务实施

一、制订工作计划

（1）工作组织：教师组织学生分组，每小组由4~6名学生组成，选定1名组长（负责组织和分配任务），1名安全监督员（负责操作时的安全监督和记录）。

（2）接受任务：教师引导学生阅读任务单，完成任务单（表3-2-1）的填写。

表3-2-1　任务3-2工作任务单

SX-TFI4智能制造生产线智能控制中心方案设计任务单	
单号：No.　　　　　　　开单部门：　　　　　　　开单人：	
开单时间：　　　　　　　　　　接单部门：	
任务描述	以智能制造生产线智能控制中心为具体实施对象，分析其详细的工艺流程，实现智能控制中心的综合方案设计，并对硬件进行选型
要求完成时间	
接单人	签名：　　　　　　时间：

（3）工作计划表：制订详细的工作计划，并填入表3-2-2。

表3-2-2　任务3-2工作计划表

阶段	任务说明	计划工作内容	计划完成时间	责任人

二、设计系统方案

查询资料，根据上一任务制作的功能分析表的要求设计系统方案。

（1）任务准备：调出上一任务制作的功能分析表。

（2）根据参观结果，梳理智能制造生产线的步进电机生产总体工作流程。具体工作流程可参照图1-2-2。

（3）根据前文介绍并查询资料，梳理SX-TFI4智能制造生产线的MES构架图。具体情况可参照图3-2-1。

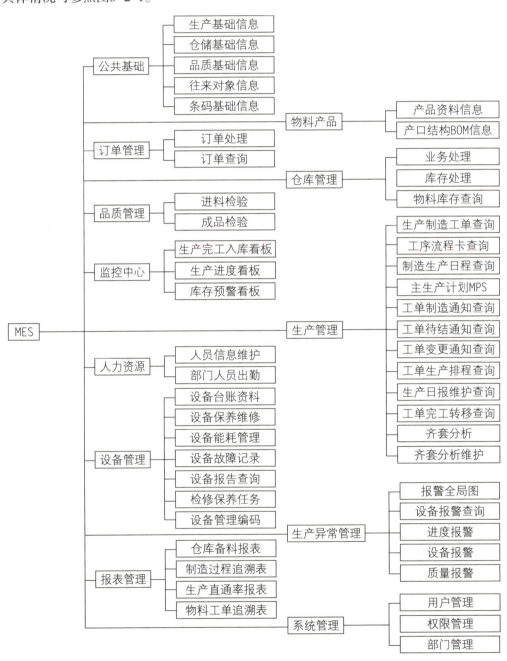

图3-2-1　MES架构图

（4）系统构成方案设计。根据参观结果列举SX-TFI4智能制造生产线中受控于智能控制中心的核心硬件，并梳理它们之间的关系。

（5）主要功能硬件选型。在系统方案设计的基础上，根据功能需求完成系统的硬件选型。SX-TFI4智能制造生产线的智能控制中心所采用的硬件配置如表3-2-3所示。

表3-2-3　智能控制中心硬件配置表

序号	物料名称	型号规格	单位	数量
1	IBM服务器	x3100M5 主机不含显示器	台	1
2	电脑主机	CPU：Intel i7 6700；内存：8G；显卡：七彩虹GTX960，4GB；操作系统：win7旗舰版	台	1
3	电脑主机	品牌：联想启天M4360；CPU：Intel i3 3240；内存：4G；硬盘：1T；操作系统：win7旗舰版	台	1
4	液晶显示器	联想：19.5寸，L2014	台	3
5	椅子	SX-TFI4-01-05-00	把	3
6	控制台	弧形3工位-3000	套	1
7	电视墙	弧形3工位-3800	套	1
8	高清摄像头	海康威视DS-2CD3T20，200万像素	个	6
9	高清硬盘录像机	海康威视DS-7904N	台	4
10	中央控制柜	三向教仪自制设备	套	1
11	网络柜	三向教仪自制设备	套	1
12	总配电柜	三向教仪自制设备	套	1

（6）通过智能控制中心对各个子单元进行控制的前提是电源的供给，因此智能生产线的电源布置必须合理。请参照附录一，了解智能生产线的供配电原理。

（7）识读PLC地址分配表。用PLC控制硬件时，需要对PLC的I/O进行分配，并根据分配表完成系统的硬件接线。智能控制中心主控PLC的I/O地址分配如表3-2-4所示，请理解表中各个地址的作用。

表3-2-4　智能控制中心主控PLC的I/O地址分配表

序号	名称	功能描述
1	I0.0	线路到位信号组合1
2	I0.1	线路到位信号组合2
3	I0.2	线路到位信号组合3
4	I0.3	线路到位信号组合4
5	I0.4	小车到达
6	I0.5	小车忙碌

（续表）

序号	名称	功能描述
7	I0.6	小车报警
8	I0.7	预留
9	I1.0	急停信号
10	Q0.0	线路选择组合信号1
11	Q0.1	线路选择组合信号2
12	Q0.2	线路选择组合信号3
13	Q0.3	线路选择组合信号4
14	Q0.4	启动指示灯
15	Q0.5	小车偏移
16	Q0.6	启动小车
17	Q0.7	呼叫小车
18	Q1.0	停止指示灯
19	Q1.1	复位指示灯

（8）识读智能制造生产线主从站信号对接表。智能控制中心作为整个智能生产线的控制核心，需要下发对各个从站的命令，同时也需要接收各个从站反馈的信息，因此主从站之间必须建立良好的通信机制。SX–TFI4智能制造生产线采用了以太网PN通信，它们之间具体的通信地址及功能请参照附录二。

三、工作总结及评价

（1）采用小组会议方式讨论任务完成情况。

（2）制订工作总结提纲，完成工作总结。

任务考核

在完成本任务的学习后，严格按照表3-2-5的要求进行测评，并完成自我评价、小组评价和教师评价。

表3-2-5 任务3-2测评表

组别		组长		组员		
评价内容			分值	自我评分	小组评分	教师评分
职业素养	1. 出勤准时率		6			
	2. 学习态度		6			
	3. 承担任务量		8			
	4. 团队协作性		10			
专业能力	1. 工作准备的充分性		10			
	2. 工作计划的可行性		10			
	3. 功能分析完整、逻辑性强		25			
	4. 总结展示清晰、有新意		25			
总计			100			
个人的工作时间			提前完成			
			准时完成			
			滞后完成			

个人认为完成得好的地方：

_____

值得改进的地方：

_____

小组综合评价：

_____

组长签名：　　　　　　教师签名：

_____

智能制造生产线控制中心的操作与维护

学习目标

① 能根据已选硬件进行智能控制中心的组装。

② 掌握智能控制中心各硬件的基本功能与特性。

③ 能结合故障查询表，排除智能控制中心常见故障。

任务描述

以智能制造生产线的智能控制中心为具体实施对象，依据智能控制工艺流程及硬件选型进行系统的组装与调试，最终使智能控制中心按预期目标稳定运行，并能结合故障查询表排除常见故障。

任务实施

一、制订工作计划

（1）工作组织：教师组织学生分组，每小组由4～6名学生组成，选定1名组长（负责组织和分配任务），1名安全监督员（负责操作时的安全监督和记录）。

（2）接受任务：教师引导学生阅读任务单，完成任务单（表3-3-1）的填写。

表3-3-1　任务3-3工作任务单

SX-TFI4智能制造生产线智能控制中心的操作与维护任务单		
单号：No.	开单部门：_____	开单人：_____
开单时间：_____	接单部门：_____	
任务描述	以智能制造生产线的智能控制中心为具体实施对象，依据智能控制工艺流程及硬件选型进行系统的组装与调试，最终使智能控制中心按预期目标稳定运行，并能结合故障查询表排除常见故障	
要求完成时间		
接单人	签名：　　　　　　时间：	

（3）工作计划表：制定详细的工作计划，并填入表3-3-2。

表3-3-2　任务3-3工作计划表

阶段	任务说明	计划工作内容	计划完成时间	责任人

二、完成系统的硬件组装与调试

1. 任务准备

（1）准备好相应工具：电工工具包、扳手等。

（2）牢记所列的注意事项，如表3-3-3和表3-3-4所示。

表3-3-3　安装接线方面的安全注意事项

⚠ 注意	由于设备调试过程中经常需要断电操作，而智能控制中心都是电脑和电视，所以电源必须独立于设备电源
⚠ 危险	设备电源必须为220 V，并必须有效安全接地，设备现场教室或实训室接地必须符合国家相关标准
⚠ 危险	设备总配电柜电压为380 V，在安装接线时一定要断前级电源，遵守电工安全接线操作标准，操作人员必须具备国家认证资格证

智能制造生产线的运行与维护

表3-3-4　使用方面的安全注意事项

⚠ 严禁	电视机屏幕不带触控功能，严禁非工作人员用手触碰显示屏，防止损坏
⚠ 严禁	调试使用中央控制柜触摸屏时，严禁使用尖锐物品、不干净物体触碰触摸屏，防止损坏
⚠ 危险	在总配电柜必须带电开门的情况下，操作人员必须注意用电安全，不要湿手操作，不要触碰内部金属带电部分

2. 硬件设备的接线与安装

结合任务二中的硬件选型，对照I/O地址分配表及主从站对接表，完成硬件设备的接线与安装。

（1）控制台的安装与接线。在控制台上将三台电脑安装好：左边安装工控机电脑，中间安装数据库电脑，右边安装操作电脑。其中需要注意的是右边安装的普通操作电脑除了控制台上显示屏可以显示外，还需要控制电视墙中间上下两个电视显示电脑内容，其实物接线如图3-3-1所示。

电脑VGA接口

电视墙电视HDMI接口

图3-3-1　操作电脑与电视连接方法

（2）总配电柜安装与接线。摆放好总配电柜后，分别接好各从站及中央控制柜电源，总配电柜的从站接入端子布局如图3-3-2所示。从站接入电源时，电源线必须经过电流互感器再接到XT端子排上，电流互感器布局如图3-3-3所示，XT接线端子与电流互感器的关系如表3-3-5所示。

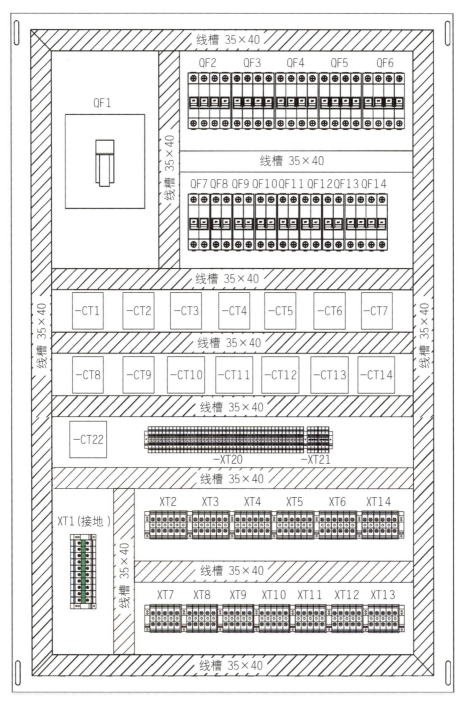

图3-3-2　总配电柜挂板接线端子布局图

智能制造生产线的运行与维护

图3-3-3　总配电柜挂板电流互感器布局图

表3-3-5　XT接线端子与电流互感器的对应关系

序号	端子号	电压/V	所属单元电源	经过电流互感器
1	XT2	380	加工单元电源	U、V、W分别经过CT1、CT2、CT3电流互感器
2	XT3	380	装配单元电源	U、V、W分别经过CT4、CT5、CT6电流互感器
3	XT4	380	检测单元电源	U、V、W分别经过CT7、CT8、CT9电流互感器
4	XT5	380	原材料单元电源	U、V、W分别经过CT10、CT11、CT12电流互感器
5	XT6	380	成品单元电源	U、V、W分别经过CT13、CT14、CT15电流互感器
6	XT7	220	充磁单元电源	单相火线经过CT16电流互感器
7	XT8	220	包装单元电源	单相火线经过CT17电流互感器
8	XT9	220	螺钉单元电源	单相火线经过CT18电流互感器
9	XT10	220	中央控制柜电源	直接接入XT10端子排
10	XT11	220	本柜电表电源	出厂已接好
11	XT12	220	备用电源	—
12	XT13	220	检测单元电源	单相火线经过CT19电流互感器

（3）网络柜的安装与接线。网络柜的电源线通过排插接入，将路由器和带无线发射交换机的插头分别插入排插即可。其主要接线是网络通信线的连接，具体参照图3-3-4进行连接。

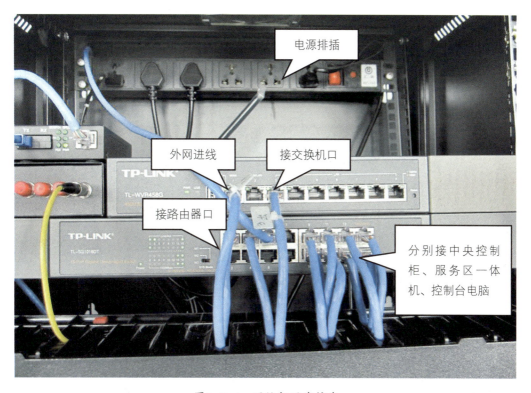

图3-3-4　网络柜网线接线

（4）中央控制柜的安装与接线。根据现场布线情况，中央控制柜的主电源从总配电柜进入，直接接入总配电柜的XT10端子排。其主要接线是网络通信线的连接，具体参照图3-3-5进行连接。

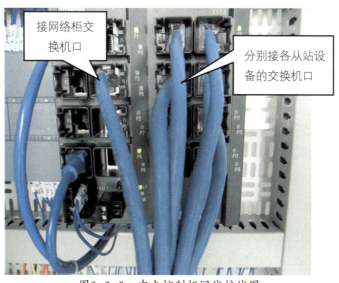

图3-3-5　中央控制柜网线接线图

（5）电视墙六台电视机的接线。电视墙六台电视机的电源由排插提供，插入排插即可，电视自带无线Wi-Fi功能所以不用接线。其主要接线是信号接线，六台电视机的左上、左下、右上、右下信号接入监控系统的信号输出口，如图3-3-6所示；中上、中下信号接入控制台操作电脑的信号输出口，如图3-3-7所示。

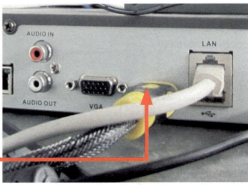

图3-3-6　电视机与监控录像机信号口接线图

图3-3-7　电视机与控制台操作电脑信号口接线图

（6）监控系统的安装与接线。根据现场情况，六个高清摄像头安装在天花板上，原则上摄像头分为两个全局镜头、四个定点镜头，也可根据客户要求安装。将监控交换机网口和硬盘录像机的网口通过网线连接起来，高清摄像头的网线和硬盘录像机的信号输入口连接起来，其中有两台硬盘录像机需要分别连接两个高清摄像头，一台硬盘录像机只连接一个高清摄像头；将硬盘录像机的视频输出口和电视机的HDMI口连接起来。

3. 力控组态程序的操作

（1）打开力控程序，出现如图3-3-8所示的工程管理界面。

图3-3-8 力控程序工程管理界面

（2）选中正确的程序，并点击图中的"运行"按钮，进入力控程序主画面，如图3-3-9所示，此画面主要用于显示各子单元的运行情况。

图3-3-9 智能制造生产线子单元运行情况监控界面

（3）点击图中左侧的"设备生产看板"按钮，进入力控程序设备生产看板，如图3-3-10所示，设备生产看板主要用于显示各个区的运行、故障及小车线路情况。

工业4.0智能教学工厂设备详细看板

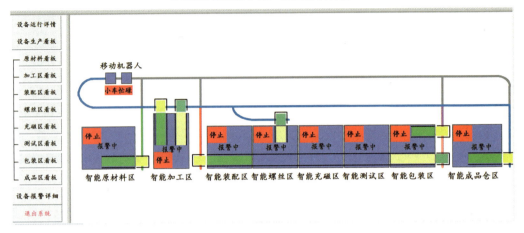

图3-3-10　设备生产看板监控界面

（4）点击图示中左侧的"原材料看板"按钮，进入力控程序原材料看板，如图3-3-11所示，原材料看板主要显示原料仓库的库存及生产批次、数量、进度等情况。

工业4.0智能教学工厂智能看板

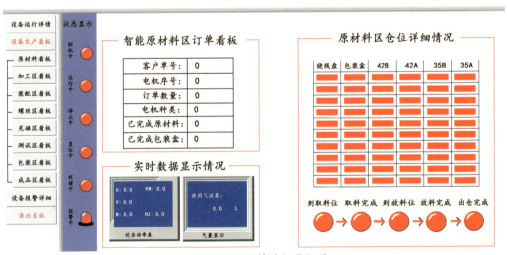

图3-3-11　原材料看板监控界面

（5）点击设备生产看板中的"加工区看板""装配区看板""螺丝区看板""充磁区看板""测试区看板""包装区看板""成品区看板"按钮，可进入力控程序相对应的各个区的智能看板，各区的看板主要显示该区的生产批次、数量、进度等情况。

（6）点击设备生产看板中的"设备报警详细"按钮，可进入力控程序报警画面，如图3-3-12所示，报警画面主要显示各个区的故障现象等情况，在故障报警画面中可选择"所有区域"或"单个区域"的报警情况。

工业4.0智能教学工厂智能看板

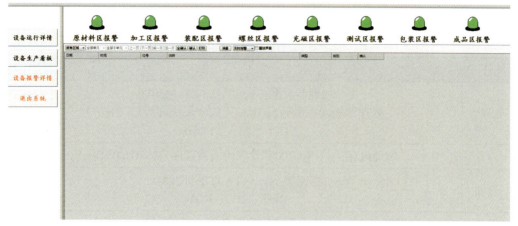

图3-3-12　设备报警详情画面

（7）点击设备任何画面中"退出系统"按钮，即可关闭力控运行程序。

4.　硬件调试步骤

（1）硬件安装。将路由器、交换机等相关设备安装好，将外网主线接入路由器。

（2）外网设置。在电脑上登录路由器设置界面，进行IP地址分配，包括外网线路IP地址、掩码、网关及内网DHCP配置等。管理主机IP地址必须与路由器LAN口同一网段，即192.168.1.X（X为2～254之间的任意整数），子网掩码为255.255.255.0，默认网关为路由器管理地址192.168.1.1。也可选择"自动获得IP地址"通过路由器DHCP自动分配IP地址。外网也可通过无线网络进行连接。

（3）网络拨号和认证。通过合理的方式进行网络拨号认证，确保系统已连接网络。

（4）内网配置。设置路由器LAN口的IP参数为192.168.1.1，子网掩码为255.255.255.0。若LAN口IP地址有修改，必须在保存配置后使用新的LAN口地址登录路由器Web管理界面。局域网内所有计算机网关地址、子网掩码必须与修改后的LAN口设置保持一致，才能正常通信。

（5）设备连接。安装交换机，从路由器LAN口插一条网线到交换机任意口，再从交换机分出网线到设备终端网卡接口即可，在终端可设置IP地址固定，不要自动获取，方便后面的设备调试工作。

（6）网络带宽要求。外网线路下行带宽不能少于4 M，上行速率不低于20 KB/s，路由器不能做QoS限速，有利于智能设备下载、更新软件及数据传输。

（7）服务器安装。金蝶K3系统及MES数据库服务器配置建议如表3-3-6所示，两个系统可采用相同配置服务器及系统数据库。

表3-3-6　服务器参数配置表

组件	要求
处理器	处理器类型：Intel Xeon E3-1220V3 处理器速度：最低2.0 GHz（对于Itanium为1.6 GHz） CPU主频：3.1 GHz
内存	物理内存：8 GB（100并发以内或数据库实体10 GB以内）
存储	存储类型：SATA 1TB标配硬盘 光驱：DVD-ROM
网络	局域网速率：1.0 Gbps到中间层服务器，延时< 20 ms，丢包< 0.1%
操作系统	K/3数据库服务器支持的操作系统： Windows Server2012 Datacenter/Standard Windows Server 2008 Standard/Enterprise/DataCenter[c] Windows Server 2008 Standard/Enterprise/DataCenter 64位×64[c] Windows Server 2008 Enterprise/DataCenter 64位IA64[bc] 其他未提及的操作系统版本不提供官方支持，金蝶K/3数据库服务器在此类操作系统上可能可以运行但未经严格测试，也可能完全不能运行
数据库引擎	K/3数据库服务器支持的数据库引擎： SQL Server 2008 Standard/Enterprise[a] SQL Server 2008 Standard/Enterprise 64位×64 SQL Server 2008 Enterprise 64位IA64[b] SQL Server 2012 Standard/Enterprise[d] SQL Server 2012 Enterprise 64位IA64[b] 其他未提及的数据库引擎版本不提供官方支持，金蝶K/3数据库服务器在此类数据库引擎上可能可以运行但未经严格测试，也可能完全不能运行 非简体中文环境下部署K/3数据库服务器的注意事项请见注解e K/3商业分析模块+ SQL Server 2008环境的部署注意事项见注解f

注解：a——同时也支持Windows Server 2003 R2对应版本，Windows Server 2003 R2是Windows Server 2003的功能扩展包，两者系统兼容性是一致的。

b——64位IA64架构的K/3数据库服务器暂不支持数据库服务部件安装，因此新建、备份、恢复这三种操作不能在中间层进行，需通过SQL Server进行，但其他功能不受影响。数据库服务部件不是K/3的必需组件，K/3数据库服务主要功能不依赖它工作。64位×64架构的K/3数据库服务器无以上限制。

c——只支持Windows Server 2008完全安装，不支持服务器核心安装（Server Core Installation）。

d——不推荐使用SQL Server 2000标准版，只推荐企业版，因为标准版最大只能支持2 GB物理内存，会降低K/3整体性能。但SQL Server 2005/2008标准版并没有物理内存限制，可以推荐使用。

e——在非简体中文环境下安装SQL Server，请把排序（Collation）设为Chinese_PRC_CI_AS，否则K/3数据库服务器不能正常工作。其中CI表示大小写不敏感（Case Insensitive），AS表示重音敏感（Accent Sensitive）。SQL Server 2005/2008默认安装过程中可以设置排序，SQL Server 2000需要选择自定义安装才能设置排序。排序在安装后不能更改，所以在非简体中文环境安装时一定要正确设置排序。

f——如需用K/3商业分析（BI），且数据库引擎为SQL Server 2008，数据库服务器需安装"SQL Server 2005向后兼容组件"（SQL Server 2005 Backward Compatibility Components），它是SQL Server 2008 Features Pack的一部分。金蝶系统、MES系统安装、注册需联系供应商安装及提供相应的许可文件，否则不能使用。

5. 智能控制中心的操作

（1）开机前准备事项。

1）先打开总配电柜电源，再分别打开电视墙电视机电源，监控系统电源，控制台电脑、工控机、服务器电源，然后打开网络柜电源。

2）打开中央控制柜电源，中央控制柜面板上绿色"启动指示灯"按钮会亮起。

3）参照"力控组态程序的操作"，打开所需要的力控界面。

（2）设备单机操作方法。

1）单机操作主要功能：不用通过MES下单，可直接在中央控制柜的触摸屏上下发订单，下位机按照订单生产，每次只能下发一个订单。

2）操作前准备工作：所有下位机全部要复位完成，并且在单机状态。

3）如图3-3-13所示，按下"总停止"按钮，下位机各单元的停止信号灯红灯常亮；按下"总复位"按钮，下位机各单元处于复位状态，等待复位完成，即各单元复位灯黄灯常亮；复位完成后按下"总启动"按钮，下位机各单元处于运行状态，即各单元运行灯绿灯常亮。

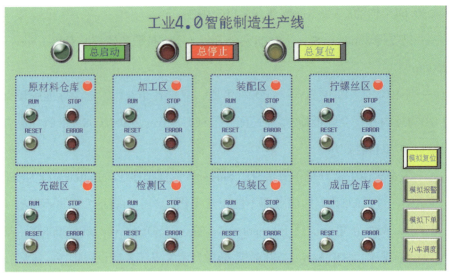

图3-3-13 智能控制中心控制界面

4）设备总启动后下位机设备除了运行指示灯绿灯常亮，设备不动，等待订单下达。点击"模拟下单"，进入模拟下单画面，如图3-3-14所示。

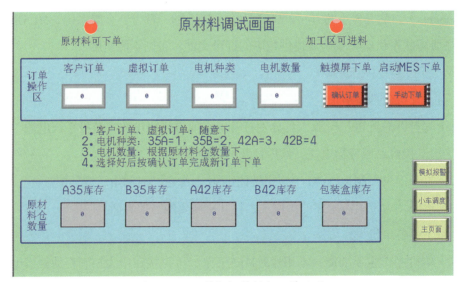

图3-3-14 单机操作模拟下单画面

5）模拟下单操作说明。

①检查"原材料可下单"和"加工区可进料"两个信号点是否为绿色，绿色表示下位机可以进行订单下达。

②在"订单操作区"中的"客户订单"和"虚拟订单"下方方框填写"1"或其他数值均可。

③ "订单操作区"中的"电机种类"，35A=1，35B=2，42A=3，42B=4。

④ "订单操作区"中的"电机数量"根据"原材料仓数量"方框中的数据下达，仓库的库存数一定要大于订单下达的电机数量。

⑤ 在"订单操作区"中，按下"确认订单"表示发送订单下达，下位机开始工作，"手动下单"默认触摸屏下订单，按下后由MES控制订单下达。

例：现需要下35A电机3个，那么先看"原材料仓数量"中"A35库存"下方的方框内数量，若小于3则不能下达订单，若大于等于3则在"电机种类"方框中填写数值"1"，在"电机数量"方框中填写数值"3"，再点击"确认订单"即可。

（3）设备联机操作方法。

1）联机操作的主要功能：通过MES下单，下位机按照订单顺序生产，可以同时在MES中下发多个订单。

2）操作前准备工作：所有下位机全部要复位完成，并且在联机状态，原材料仓库有足够原材料，设备才可以联机操作。

3）参照单机操作的说明，将设备"总启动"。

4）设备总启动后，下位机设备除了运行指示灯绿灯常亮，设备不动，等待订单下达。点击"模拟下单"，进入模拟下单画面，点击"启动MES下单"的"手动下单"按钮后出现"自动下单"并显示绿色，如图3-3-15所示。系统将自动搜索MES下单情况，一旦检索有订单，下位机立即启动运行。

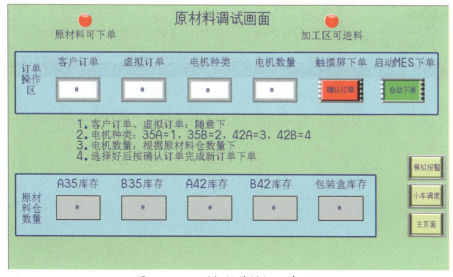

图3-3-15　联机操作模拟下单画面

（4）监控系统的基本操作步骤。

1）监控设备摄像头安装就位后，将摄像头与监控硬盘录像机通过网线连接，插入LAN口，再将每台录像机通过网线汇聚到控制交换机，主要目的是通过电脑或手机终端来实时查看监控画面，其前提条件是需要连接网络。

2）将硬盘录像机与显示器通过HDMI线连接，用遥控在智能电视机上选择HDMI输入，然后在电脑上安装（海康威视）监控系统。

3）登录系统后给每个录像机设备分配IP地址，搜索摄像头设备，添加到监控列表即可完成，如图3-3-16所示。

图3-3-16　监控系统添加设备画面

4）点击"添加设备"，输入硬盘录像机的IP地址、用户名和密码，如图3-3-17所示。

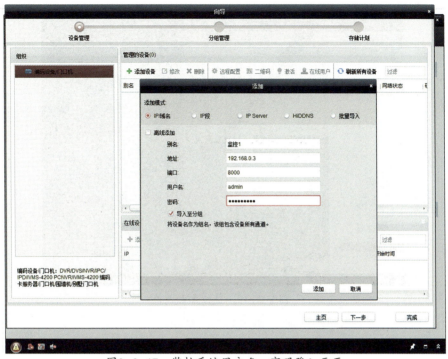

图3-3-17　监控系统用户名、密码登入画面

5）点击"完成"，即可返回主界面。

6）选择画面设置—主预览，配置显示效果如图3-3-18所示。

7）实时画面传输设置：将一台安装K3客户端的电脑接到控制台显示器，将显示器与主机通过HDMI线连接，可将操作画面实时发送至显示屏显示，如需手机及iPad控制，需建立Wi-Fi网络，智能电视安装投屏软件，与手机及iPad终端一致，搜索设备连接，即可将操作画面实时投放到显示屏，监控画图效果如图3-3-19所示。

图3-3-18　监控系统画面设置图

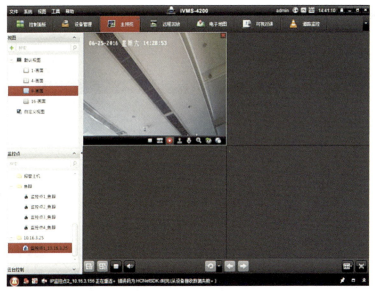

图3-3-19　监控画面效果

三、智能控制中心日常维护与常见故障处理

1. 日常维护方法

（1）在切断电源并确认机器人控制器的充电指示灯熄灭后再进行检查作业，否则有可能会触电。

（2）定期使用超细纤维布轻轻地擦拭电视屏幕表面，以旋转擦拭的方式，不要施加任何压力。

（3）电视屏幕不是触摸屏，不要用手或尖锐物件触碰屏幕或在屏幕上滑动。

（4）不要在电脑机箱上放很多东西，特别是机箱后面，若放太多东西会影响电脑散热。

（5）定期清理电脑，不要用电脑设备访问带病毒网站，因为控制中心有数据库，一旦中毒维修起来相当麻烦。

（6）不要用潮湿的东西接触触摸屏的表面，洗手之后要等手干了，再接触触摸屏。

2. 常见故障处理

常见故障排除方法及注意事项请参照表3-3-7。

表3-3-7　智能控制中心故障查询表

代码	故障现象	故障原因	解决方法
Er0001	中央控制柜无法控制下位机动作	网线未插或松动	检查控制柜及从站网线是否接好
		网络柜没启动	检测网络柜是否开启
		网络柜未插网线或松动	检查网络柜网线是否插好
Er0002	下单后原材料不执行抓取物料	原材料无物料	增加原材料物料
		信号没有传送到原材料区	检查通信网络
		下单数据错误	重新复位后下单
Er0003	中央控制柜无法手动下单	PLC与触摸屏没通信	检查PLC与触摸屏通信网线
Er0004	总启动后原材料无"原材料可下单"信号	通信异常	检查通信网线
		原材料仓没准备好	检查原材料信号输出
Er0005	总启动后加工区无"加工区无进货"信号	通信异常	检查通信网线
		加工区复位不成功	关闭加工区300PLC后重启
Er0500	全区无Wi-Fi	网络没开启	检查网络柜电源
		路由器没设置	重新设置路由器
		搬运抓手没有下降到位或下降位传感器异常	检查搬运机构及相应传感器线路
		检测位气缸前限位传感器异常	调整或更换传感器
		线路故障	检查相关线路电气元件

四、工作总结

（1）采用小组会议方式讨论任务完成情况。

（2）制订工作总结提纲，完成工作总结。

任务考核

在完成本任务的学习后，严格按照表3-3-8的要求进行测评，并完成自我评价、小组评价和教师评价。

表3-3-8　任务3-3测评表

组别		组长		组员			
评价内容				分值	自我评分	小组评分	教师评分
职业素养	1. 出勤准时率			6			
	2. 学习态度			6			
	3. 承担任务量			8			
	4. 团队协作性			10			
专业能力	1. 工作准备的充分性			10			
	2. 工作计划的可行性			10			
	3. 功能分析完整、逻辑性强			25			
	4. 总结展示清晰、有新意			25			
总计				100			
个人的工作时间				提前完成			
				准时完成			
				滞后完成			

个人认为完成得好的地方：

值得改进的地方：

小组综合评价：

组长签名：　　　　　　教师签名：

项目四
智能制造生产线原料仓库的
设计与实践

项目导入

　　智能制造生产线仓储系统是智能制造工业4.0快速发展的一个重要组成部分，它具有节约用地、减轻劳动强度、管理智能、提升仓储自动化水平等诸多优点，通常包含智能原料仓库和智能成品仓库。智能原料仓库旨在建立一条快速通道，实现原材料的快速入库、出库以及库房存储统计，亦能同时实现收、发货物，高速自动记录。智能成品仓库则可实现对包装完成的成品分类入库（分成品和不良品）、存储、出库的智能控制。智能原料仓库通常采用RFID技术，配置入库、盘点、出库等多个流程，既可作为成套流程使用，又可独立连接使用。

　　本项目分为以下三个学习任务：

　　任务一　智能制造生产线原料仓库的功能需求分析

　　任务二　智能制造生产线原料仓库的系统设计

　　任务三　智能制造生产线原料仓库的操作与维护

　　希望通过本项目的学习，读者能够进行原料仓库的功能需求分析、系统设计及操作与维护，并能进行基本故障排除。

 **智能制造生产线原料仓库的功能需求分析**

① 了解智能原料仓库的组成及基本功能。

② 掌握智能原料仓库功能分析的方法、步骤。

③ 能根据生产实际，进行仓储系统功能分析，完成系统功能分析报告。

 任务描述

通过现场参观或观看视频，了解智能原料仓库的结构组成及原材料入仓、出仓的工作流程，并完成智能原料仓库的功能分析。

一、智能原料仓库

SX-TFI4工业4.0智能制造生产线的智能原料仓库是整个系统的九大模块之一，主要由原料货架、AGV、物料传送带、堆垛机、中控台五部分组成，如图4-1-1所示。该模块涉及的技术包括自动控制技术、机器人堆码垛技术、智能信息管理技术、移动计算技术、数据挖掘技术等。

原料的出、入库流程如图4-1-2所示。在入库时，人工将原料分类放入原料货架中，由RFID系统进行类型识别，并记录放置的位置及原料数量。出仓时，由中控台向堆垛机发送所需原料的放置位置，堆垛机取出相应位置的原料并将之放置到物料传送带上，原料经物料传送带传送至AGV上，再由AGV运往生产系统所需的位置。

图4-1-1　智能原料仓库的组成

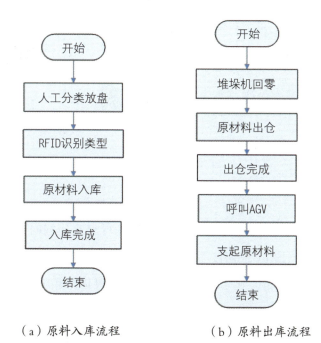

（a）原料入库流程　　　（b）原料出库流程

图4-1-2　原料出、入库流程

二、RFID技术基础

RFID又称射频识别，是一种通信技术，可通过无线电信号识别特定目标并读写相关数据，而无须识别系统与特定目标之间建立机械或光学接触。如图4-1-3所示，RFID系统由电子标签、读写器和应用系统等部分组成。在RFID系统中，电子标签又称为射频标签、应答器、数据载体；读写器又称为读出装置、扫描器、通信器、读取器等。读写器通过发射天线发射一定频率的射频信号，标签进入发射天线工作区域时被激活，并将自身的信息代码通过内置天线发出。读写器获取标签信息代码并解码后，将标签信息送至计算机进行处理。由图4-1-3可以看出，在射频识别系统工作过程中，始终以能量作为基础，通过一定的时序方式来实现数据交换。

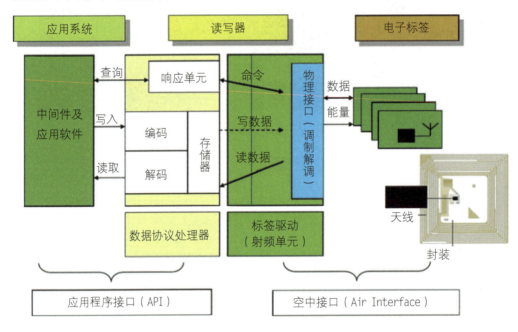

图4-1-3　RFID系统工作原理

读写器不仅要通过无线电磁波与电子标签进行交互，同时还需要通过串口与PLC进行通信，以方便PLC根据读写器捕捉到的电子标签中的数据，完成相应的过程控制，或进行数据分析、显示和存储等工作。而具体采用何种通信方式与PLC进行通信与读写器提供的通信接口有关。本例采用的PLC为西门子S7-1200，读写器为"NBDE"的LWR-1204桌面读写器，读写器与PLC之间通过RS485总线进行通信。

 **任务实施**

一、制订工作计划

（1）工作组织：教师组织学生分组，每小组由4～6名学生组成，选定1名组长（负责组织和分配任务），1名安全监督员（负责操作时的安全监督和记录）。

（2）接受任务：教师引导学生阅读任务单，完成任务单（表4-1-1）的填写。

表4-1-1　任务4-1工作任务单

<table>
<tr><td colspan="3">SX-TFI4智能制造生产线智能原料仓库功能需求分析任务单</td></tr>
<tr><td>单号：No.</td><td>开单部门：</td><td>开单人：</td></tr>
<tr><td>开单时间：</td><td colspan="2">接单部门：</td></tr>
<tr><td>任务描述</td><td colspan="2">通过现场参观或观看视频，了解智能原料仓库的组成及原材料入仓、出仓的工作流程，完成智能原料仓库的功能需求分析</td></tr>
<tr><td>要求完成时间</td><td colspan="2"></td></tr>
<tr><td>接单人</td><td>签名：</td><td>时间：</td></tr>
</table>

（3）工作计划表：制订详细的工作计划，并填入表4-1-2。

表4-1-2　任务4-1工作计划表

阶段	任务说明	计划工作内容	计划完成时间	责任人

二、完成功能分析表

参观智能制造生产线或观看"智能原料区"相关视频学习相关知识，记录参观情况，并完成功能分析表的制作。

（1）任务准备：思考进入智能生产线时应采取的安全措施，并填入表4-1-3。

表4-1-3　任务4-1安全措施表

序号	安全措施	目的

（续表）

序号	安全措施	目的

2. 记录参观情况，分析智能原料仓库的组成及功能，具体可参照表4-1-4。

表4-1-4　智能原料仓库功能分析表

序号	基本功能	具体功能
1	原材料入库	入库数量记载（自动计数）
		入库原材料规格自动识别
2	原材料库存	按规格不同，自动分类存放
3	原材料出库	出库数量自动记载
		出库原材料规格识别
		远距离跨区送料

（3）思考：智能原料仓库是如何在入仓、出仓时识别不同规格和种类的原材料的。

三、工作总结

（1）采用小组会议方式讨论任务完成情况。

（2）制订工作总结提纲，完成工作总结。

任务考核
— ▢ ✕

在完成本任务的学习后，严格按照表4-1-5的要求，完成自我评价、小组评价和教师评价。

表4-1-5　任务4-1测评表

组别		组长		组员		
评价内容			分值	自我评分	小组评分	教师评分
职业素养	1. 出勤准时率		6			
	2. 学习态度		6			
	3. 承担任务量		8			
	4. 团队协作性		10			

（续表）

组别		组长		组员			
评价内容				分值	自我评分	小组评分	教师评分
专业能力	1. 工作准备的充分性			10			
	2. 工作计划的可行性			10			
	3. 功能分析完整、逻辑性强			15			
	4. 总结展示清晰、有新意			15			
	5. 安全文明生产及6S			20			
总计				100			
个人的工作时间				提前完成			
				准时完成			
				滞后完成			

个人认为完成得好的地方：

值得改进的地方：

小组综合评价：

组长签名：　　　　　　　　　教师签名：

任务二　智能制造生产线原料仓库的系统设计

学习目标

① 了解智能原料仓库的工艺流程。

② 了解智能原料仓库的设计方法和步骤。

③ 会识读气路原理图、电气原理图。

④ 能结合生产实际，进行智能原料仓库系统方案设计及硬件选型。

任务描述

　　依据原料仓库所需具备的功能，对整个智能原料仓库进行综合方案设计，并对硬件进行选型，为后续系统的组装、调试做前期的规划与准备。

学习储备

一、AGV技术

　　AGV是指装备有电磁或光学等自动导引装置，能够按照规定的导引路径行驶，具有小车运行和停车装置、安全保护装置以及各种移载功能的运输车辆。

　　通用型AGV包含机械系统、动力系统和控制系统等几个部分，各部分的具体组成如图4-2-1所示。

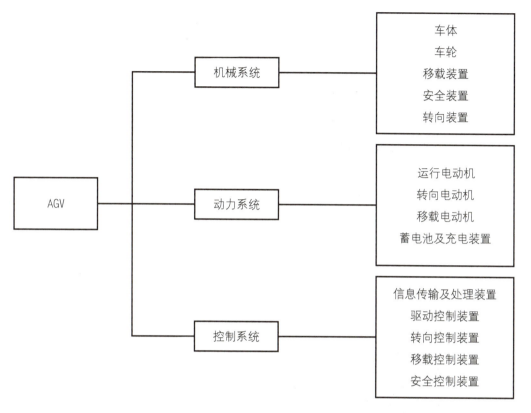

图4-2-1 AGV功能模块

为增强读者对AGV的认识，本任务以SX-TFI4智能制造生产线采用的动进科技生产的AGV为例，对其主要组成及功能进行介绍，其实物如图4-2-2所示。其部件组成及功能可参照表4-2-1。

图4-2-2 动进科技AGV

智能制造生产线 的运行与维护

表4-2-1　动进科技AGV功能部件介绍

模块名称	模块	组成及功能
AGV前面板功能块		①电源开关：开启和关闭系统； ②后退按钮：按下该按钮，小车后退运行；在有故障时，按下该按钮可以使小车复位； ③前进按钮：按下该按钮，小车前进运行，在有故障时，按下该按钮可以使小车复位； ④急停按钮：在发生紧急情况时，按下急停按钮，紧急停车； ⑤触摸屏：进行手动控制操作及参数设置等
AGV后面板功能块		①后退按钮； ②前进按钮； ③急停按钮； ④运行指示灯：指示运行状态
上部结构		①②物料挡板：防止物料跌落； ③传输滚轮：物料传输滚动体； ④滚轴联动带

AGV在运行时的状态是通过各种传感器进行检测，而运行前各种参数的设置及AGV状态的显示则通过触摸屏实现。如图4-2-3所示，触摸屏主界面包含参数设置、数据管理、调测管理、观察管理、运行界面及登录等项。通过参数设置可以设置AGV的各种参数，同时通过运行界面可观测AGV的运行状态。

图4-2-3　AGV触摸屏主界面

二、气动技术的应用

1. 气压传动系统的组成

气压传动与控制技术是指以压缩空气为工作介质，进行能量传递或信号传递的控制技术，简称气压传动技术。下面将通过一个典型的气压传动系统来介绍气压传动系统进行能量和信号传递及实现自动控制的原理。

图4-2-4所示为气动剪切机的气压传动系统的组成，包含空气压缩机、后冷却器、分水排水器、贮气罐、分水滤水器、减压阀、油雾器、行程阀、气控换向阀、气缸、工料等主要部件，且图示位置为剪切前的情况。工作时，空气压缩机产生的压缩空气经后冷却器、分水排水器、贮气罐、分水滤水器、减压阀、油雾器到气控换向阀，部分气体经节流通路进入换向阀的下腔，使上腔弹簧压缩，换向阀阀芯位于上端；大部分压缩空气经换向阀后进入气缸的上腔，而气缸的下腔经换向阀与大气相通，故气缸活塞处于最下端位置。当上料装置把工料送入剪切机并达到规定位置时，工料压下行程阀，此时换向阀阀芯下腔压缩空气经行程阀排入大气，在弹簧的推动下，换向阀阀芯向下运动至下端；压缩空气则经换向阀进入气缸的下腔，上腔经换向阀与大气相通，气缸活塞向上运动，带动剪刀上行剪断工料。工料剪下后，即与行程阀脱开。行程阀阀芯在弹簧下复位，出口堵住。换向阀阀芯上移，气缸活塞向下运动，又恢复到剪断前的状态。

通过气动剪切机的工作过程可知，气源装置将电动机的机械能转换为气体的压力能，然后通过气缸将气体的压力能再转换为机械能以推动负载运动。为了实现压缩空气的输送，在气源装置与气缸或气马达之间用管道连接，同时为了实现执行机构所要求的运动，在系统中还设置了各种控制阀及其他辅助设备。气压传动系统主要由下列五部分组成：

（1）气源装置。气源装置是压缩空气的产生装置，可以将电动机输出的机械能转变为气体的压力能，为系统提供压缩空气。它主要由空气压缩机构成，还配有贮气罐、气源净化处理装置等附属设备，如图4-2-4中的空气压缩机、贮气罐、分水排水器等。

（2）执行元件。执行元件起能量转换作用，把压缩空气的压力能转换成工作装置的机械能，如图4-2-4中的气缸。主要形式有气缸输出直线往复式机械能、摆动气

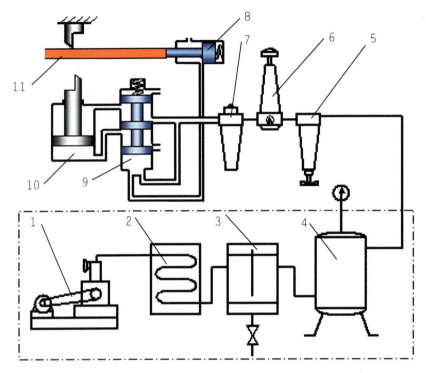

1—空气压缩机；2—后冷却器；3—分水排水器；4—贮气罐；5—分水滤气器；
6—减压阀；7—油雾器；8—行程阀；9—换向阀；10—气缸；11—工料

图4-2-4　气动剪切机的气压传动系统示意图

缸和气马达分别输出回转摆动式和旋转式的机械能。对于以真空压力为动力源的系统，采用真空吸盘以完成各种吸吊作业。

（3）控制元件。控制元件用来对压缩空气的压力、流量和流动方向进行调节和控制，使系统执行机构按功能要求的程序和性能工作。根据完成功能不同，控制元件分为很多种，气压传动系统中一般包括压力、流量、方向和逻辑等四大类控制元件，如图4-2-4中的行程阀、气控换向阀等。

（4）辅助元件。辅助元件是用于元件内部润滑、排气噪声、元件间的连接以及信号转换、显示、放大、检测等所需的各种气动元件，如油雾器、消声器、管件及管接头、转换器、显示器、传感器等。

（5）传动介质。气压传动系统中所使用的工作介质是空气。

2．气压传动系统的符号图

为了采用标准化的方式对气路图进行简化表示，国家标准对气压传动系统中常用的元件的图形符号进行了规定，常用符号的表示方法如表4-2-2所示。

表4-2-2　常见气压传动元件图形符号

气源及净化装置					
空气压缩机	后冷却器	除油器	气罐	空气干燥器	气压源

辅助元件			
过滤器	油雾器	消声器	气液转换器

气压缸		
双作用单活塞杆液压缸	双作用双活塞杆液压缸	单作用弹簧复位液压缸

气马达			
单向定量气马达	单向变量气马达	双向定量气马达	双向变量气马达

方向控制阀				
单向阀	或门型梭阀	与门型梭阀	快速排气阀	二位三通换向阀

压力控制阀					
直动式溢流阀	先导式溢流阀	直动式减压阀	先导式减压阀	直动式顺序阀	先导式顺序阀

流量控制阀	
节流阀	排气节流阀

由此可以绘制气动剪切机的气压传动系统符号图，如图4-2-5所示。图形符号表示元件的功能，但不表示元件的具体结构和参数。在完成智能制造生产线的系统设计时，需要具备识读气压传动系统符号图的能力。

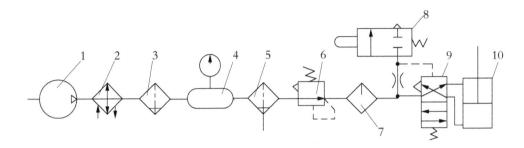

1—空气压缩机；2—后冷却器；3—分水排水器；4—贮气罐；5—分水滤气器；
6—减压阀；7—油雾器；8—行程阀；9—气控换向阀；10—气缸

图4-2-5　气动剪切机的气压传动系统符号图

一、制订工作计划

（1）工作组织：教师组织学生分组，每小组由4～6名学生组成，选定1名组长（负责组织和分配任务），1名安全监督员（负责操作时的安全监督和记录）。

（2）接受任务：教师引导学生阅读任务单，完成任务单（表4-2-3）的填写。

表4-2-3　任务4-2工作任务单

SX-TFI4智能制造生产线智能原料仓库方案设计任务单		
单号：No.　　　　　　　开单部门：　　　　　　　开单人：		
开单时间：　　　　　　　　　　接单部门：		
任务描述	依据任务4-1中确定的智能原料仓库所需具备的功能，对整个智能原料仓库进行综合方案设计，并对硬件进行选型	
要求完成时间		
接单人	签名：　　　　　　　时间：	

（3）工作计划表：制订详细的工作计划，并填入表4-2-4。

表4-2-4　任务4-2工作计划表

阶段	任务说明	计划工作内容	计划完成时间	责任人

（续表）

阶段	任务说明	计划工作内容	计划完成时间	责任人

二、设计系统方案

查阅资料，根据上一任务制作的功能分析表的要求设计系统方案。

（1）任务准备：调出上一任务制作的功能分析表。

（2）根据参观结果，梳理智能原料仓库的详细工作流程。具体工作流程可参照图4-2-6和图4-2-7。

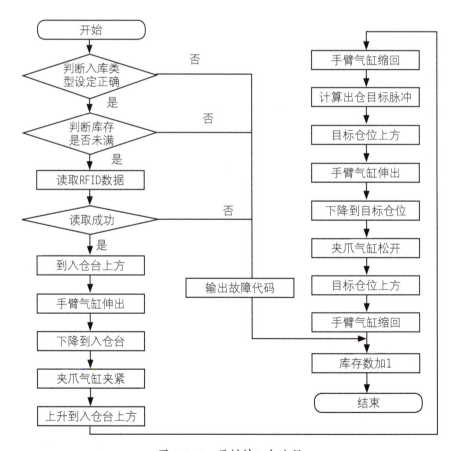

图4-2-6　原材料入仓流程

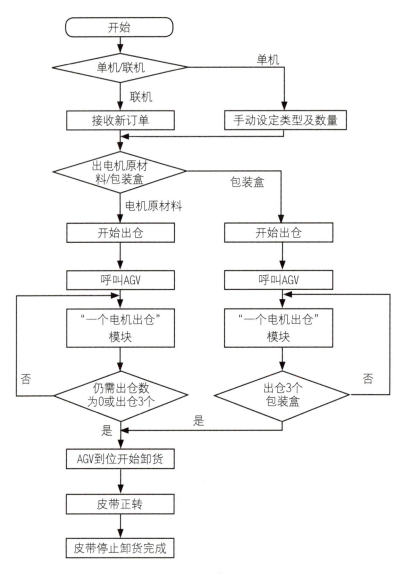

图4-2-7　原材料出仓流程

（3）系统方案设计：根据智能原料仓库的出库、入库流程进行系统的构成方案设计。系统方案包括硬件系统方案和软件系统方案，根据智能原料仓库的需求列出相应的软件和硬件设备。具体设计方案构成可参照表4-2-5智能原料仓库系统方案设计表。

表4-2-5　智能原料仓库系统方案设计表

编号	功能	对应硬件	采用技术
1	原材料的类型、规格甄别	RFID	RFID技术
2	堆垛机的应用	电机、气缸	气动技术、PLC控制技术、传感技术

（续表）

编号	功能	对应硬件	采用技术
3	远程运送物料	AGV	AGV技术
4	中控台可视界面	PLC	PLC技术、触摸屏编程技术

表4-2-6　智能原料仓库硬件系统设计表

编号	功能模块分类	对应硬件
1	利用RFID技术，在传送带上进行入库前原材料类别检测	
2	堆垛机将物料运送到仓库对应位置，仓库系统自动计数	
3	出库，由堆垛机将物料搬运至传送带，经检测部件检测型号，呼叫AGV运至下一站	
4	中控台控制手动、自动运行方式	

（4）主要功能硬件选型：在系统方案设计的基础上，根据功能需求完成系统的硬件选型。各种硬件的具体选型过程均有相应的方法，此处不再详述。SX-TFI4智能制造生产线的智能原料仓库所采用的硬件配置如表4-2-7所示。

表4-2-7　智能原料仓库硬件配置表

编号	设备名称	型号	用途	品牌
1	输送带电机	6IK120GU-CF	带动传送带，传送物料	ZD Motor
2	RFID射频器	RF30-WR-Q80U/EN01	原材料料号识别	宜科

（续表）

编号	设备名称	型号	用途	品牌
3	伸缩气缸	MAL20X250-S-CM-LB	堆垛机机械手伸/缩	SMC
4	电机抓手气缸	MHL2-16D	堆垛机机械手抓取工件	SMC
5	触摸屏	MT4424TE	操控系统工作	Kinco
6	PLC	S7-1200	控制系统	西门子
7	X轴V90伺服电机	6SL3210-5FE10-4UA0	堆垛机平行移动	西门子
8	Y轴V90伺服电机	6SL3210-5FE11-0UA0	堆垛机的垂直移动	西门子
9	光电传感器	E3FA-DP11 2M	检测工件	OMRON
10	接近开关	E2E-X2MF2-Z 2M	检测工件	OMRON

（5）识读智能原料仓库气动控制原理图：原料仓库的气动控制电路如图4-2-8所示，请根据此图完成表4-2-8中的内容，并描述气路的工作过程。

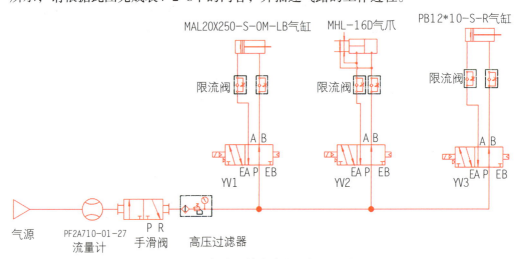

图4-2-8　智能原料仓库气动控制电路图

表4-2-8　气动控制元件清单

序号	材料或元件名称	数量	备注

（6）识读PLC点数分配表及PLC接线图：用PLC控制硬件时，需要对PLC的I/O地址进行分配，并根据分配表完成系统的硬件接线。I/O地址分配及接线情况分别如

表4-2-9和图4-2-9所示，请理解其中信息。

表4-2-9　智能原料仓库中控PLC的I/O地址分配表

序号	名称	功能描述	备注
1	I0.0	轴_X原点	
2	I0.1	轴_X左限位	
3	I0.2	轴_X右限位	
4	I0.3	X轴报警	
5	I0.4	X轴准备好	
6	I0.5	轴_Y原点	
7	I0.6	轴_Y上限位	
8	I0.7	轴_Y下限位	
9	I1.0	Y轴报警	
10	I1.1	Y轴准备好	
11	I1.2	启动按钮	
12	I1.3	停止按钮	
13	I1.4	复位按钮	
14	I1.5	联机按钮	
15	I2.0	急停	
16	I2.1	成品到来检测	
17	I2.2	成品入库检测	
18	I2.3	手臂缩回到位	
19	I2.4	手臂伸出到位	
20	I2.5	手抓松开到位	
21	I2.6	手抓夹紧到位	
22	I2.7	阻挡伸出到位	
23	Q0.0	轴_X_脉冲	
24	Q0.1	轴_X_方向	
25	Q0.2	轴_Y_脉冲	
26	Q0.3	轴_Y_方向	
27	Q0.4	轴_X上电	
28	Q0.5	轴_X清零	
29	Q0.6	轴_Y上电	
30	Q0.7	轴_Y清零	
31	Q1.0	面板启动指示灯	
32	Q1.1	面板停止指示灯	
33	Q2.0	面板复位指示灯	
34	Q2.1	手臂气缸阀	

智能制造生产线的运行与维护

（续表）

序号	名称	功能描述	备注
35	Q2.2	手抓气缸阀	
36	Q2.3	阻挡气缸阀	
37	Q2.4	出料输送带	
38	Q2.5	进料输送带	
39	Q2.6	启动指示灯	
40	Q2.7	停止指示灯	
41	Q3.0	复位指示灯	

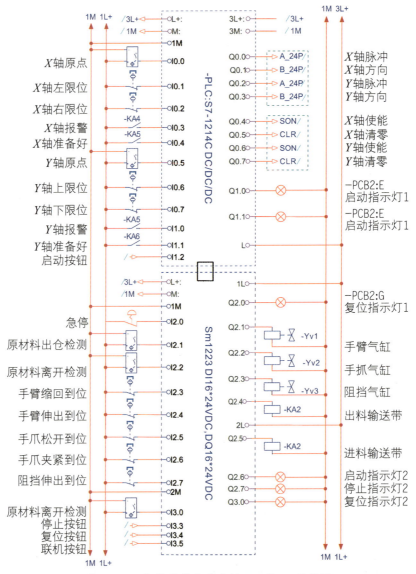

图4-2-9　智能原料仓库中控PLC的I/O接线图

（7）思考：堆垛机X轴（左右）方向的限位信号接入PLC的哪几个输入口？堆垛机机械手夹紧信号接入PLC的哪几个输入口？X轴清零信号由哪个输出口控制？

三、工作总结

（1）采取小组会议方式讨论任务完成情况。

（2）制订工作总结提纲，完成工作总结。

任务考核

在完成本任务的学习后，严格按照表4-2-10的要求进行测评，并完成自我评价、小组评价和教师评价。

表4-2-10　任务4-2测评表

组别		组长		组员			
评价内容			分值	自我评分	小组评分	教师评分	
职业素养	1. 出勤准时率		6				
	2. 学习态度		6				
	3. 承担任务量		8				
	4. 团队协作性		10				
专业能力	1. 工作准备的充分性		10				
	2. 工作计划的可行性		10				
	3. 功能分析完整、逻辑性强		15				
	4. 总结展示清晰、有新意		15				
	5. 安全文明生产及6S		20				
总计			100				
个人的工作时间			提前完成				
			准时完成				
			滞后完成				

个人认为完成得好的地方：

值得改进的地方：

小组综合评价：

组长签名：　　　　　　　教师签名：

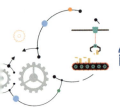

任务三　智能制造生产线原料仓库的操作与维护

 学习目标

1. 掌握智能原料仓库的操作、维护方法。
2. 能够根据不同规格产品进行程序编制与参数设置。
3. 能结合故障查询表，排除智能原料仓库的常见故障。

 任务描述

　　在原材料入库、出库的工艺流程及硬件选型的基础上进行系统的组装与调试，最终使智能原料仓库能按预期目标稳定运行，并能结合故障查询表排除常见故障。

 学习储备

触摸屏技术

　　人机界面又称用户界面或使用者界面，是人与计算机之间传递、交换信息的媒介和对话接口，是计算机系统的重要组成部分。它能实现信息的内部形式与人类可以接受的形式之间的转换。凡参与人机信息交流的领域都存在着人机界面。触摸屏是PLC人机界面的一种，这种液晶显示器具有人体感应功能，作为PLC的图形终端，当手指触摸到感应屏上的图形时，可以发出操作指令，从而实现调整参数或者监视参数的功能。

　　当前应用比较广泛的触摸屏品牌有普洛菲斯、海泰克、北尔、威纶、三菱、西门子、施耐德、台达、步科、昆仑通态等。不同品牌的触摸屏应用时的思路基本相同，需要经过设备组态、参数设置、画面组态等几个步骤。通过设备组态和参数设

置可以将触摸屏与PLC相连并进行通信。然后通过专用软件进行画面组态，并将组态好的画面通过通信线下载至触摸屏上，即可实现触摸屏的控制。每种触摸屏都有专用的组态软件。以步科触摸屏为例，进行画面组态时使用的是Kinco HMIware软件，经过图4-3-1所示的步骤后即可通过触摸屏进行控制。

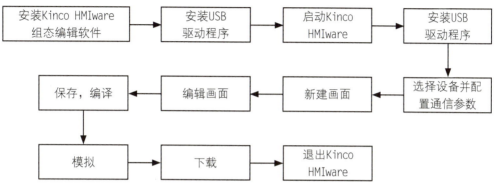

图4-3-1　步科触摸屏画面组态流程

值得注意的是，在使用触摸屏控制设备时，只是将触摸屏画面上的按钮等通过地址与PLC相连，经过PLC程序的运算后输出相应的信号去控制设备，而并不是直接由触摸屏控制设备。

在启动触摸屏控制前，需要先启动智能原料仓库中控系统，其控制界面如图4-3-2所示，共包含"启动""停止""复位""单机""联机""开""关"等选项，各个按钮的意义如下。

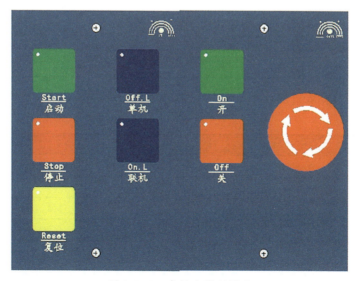

图4-3-2　中控台控制界面

启动：启动本站运行。

停止：停止本站运行。

复位：对本站进行复位。

单机：本站单独运行。

联机：智能制造生产线所有站联机运行。

开：接通本站电源。

关：关闭本站电源。

 任务实施

一、制订工作计划

（1）工作组织：教师组织学生分组，每小组由4~6名学生组成，选定1名组长（负责组织和分配任务），1名安全监督员（负责操作时的安全监督和记录）。

（2）接受任务：教师引导学生阅读任务单，完成任务单（表4-3-1）的填写。

表4-3-1 任务4-3工作任务单

SX-TFI4智能制造生产线智能原料仓库的操作与维护任务单			
单号：No.	开单部门：_____		开单人：_____
开单时间：_____		接单部门：_____	
任务描述	在原材料入库、出库的工艺流程及硬件选型的基础上进行系统的组装与调试，最终使智能原料仓库能按预期目标稳定运行，并能结合故障查询表排除常见故障		
要求完成时间			
接单人	签名：		时间：

（3）工作计划表：制订详细的工作计划，并填入表4-3-2。

表4-3-2 任务4-3工作计划表

阶段	任务说明	计划工作内容	计划完成时间	责任人

二、系统的硬件连接参数设置及调试

（1）任务准备

1）准备好相应工具：电工工具包、扳手等。

2）牢记表4-3-3所列的注意事项。

表4-3-3　注意事项

⚠	注意	安装接线时必须断开电源操作！必须严格按要求接好地线
⚠	注意	在设备中使用了较多的工控元件，部分器件上电路运行中可能存在一定的漏电现象，设备安装时必须有效安全接地，设备现场教室或实训室接地必须符合国家相关标准
⚠	危险	设备安装对位完成后，必须紧固桌体连接件螺钉，防止各工位之间偏位

根据图4-2-8所示的气动控制电路图完成气路的连接，连接好的气路实物如图4-3-3所示。

图4-3-3　智能原料仓库气路实物

根据图4-2-9所示的I/O接线图完成电路的接线，连接好的电路实物如图4-3-4所示。

图4-3-4 智能原料仓库控制电路接线图

根据图4-3-5完成伺服电机与伺服驱动器之间的连接。

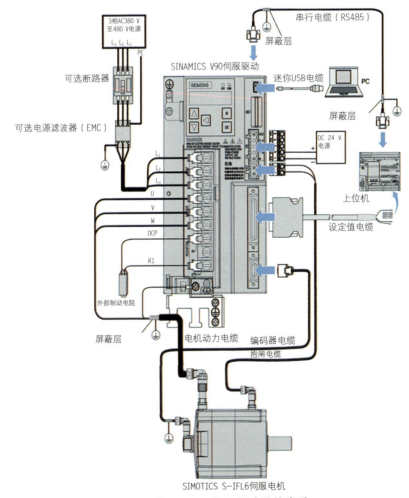

图4-3-5 伺服驱动器接线图

完成伺服系统的参数设置。伺服系统的参数通过伺服驱动器的操作面板进行设置，西门子V90伺服电机驱动器的操作面板如图4-3-6所示，面板的功能及操作方法可参照表4-3-4。西门子V90伺服电机驱动器恢复出厂设置（此功能是将所有值恢复到出厂设置，请谨慎操作）的操作方法及在本任务中的参数设置方法请分别参考图4-3-7和图4-3-8。

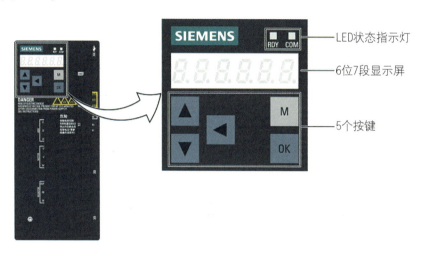

图4-3-6 西门子V90伺服电机驱动器参数设置界面

表4-3-4 西门子V90伺服电机驱动器参数设置表

按键	描述	功能
M	M键	● 退出当前菜单； ● 在主菜单中进行操作模式的切换
OK	OK键	短按： ● 确认选择或输入； ● 进入子菜单； ● 清除报警 长按： ● 激活辅助功能
▲	向上键	● 翻至下一菜单项； ● 增加参数值； ● 顺时针方向Jog
▼	向下键	● 翻至上一菜单项； ● 减小参数值； ● 逆时针方向Jog

（续表）

按键	描述	功能
◀	移位键	将光标从位移动到位进行独立的位编辑，包括正向/负向标记的位 说明：当编辑该位时，"_"表示正，"–"表示负
OK + M		长按组合键4 s重启驱动
▲ + ◀		当右上角显示「时，向左移动当前显示页，如00.000「
▼ + ◀		当右下角显示」时，向右移动当前显示页，如0010」

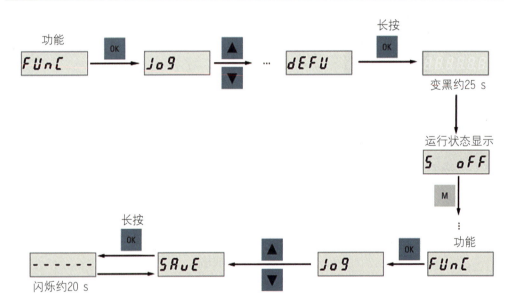

图4-3-7　西门子V90伺服电机驱动器恢复出厂设置操作流程

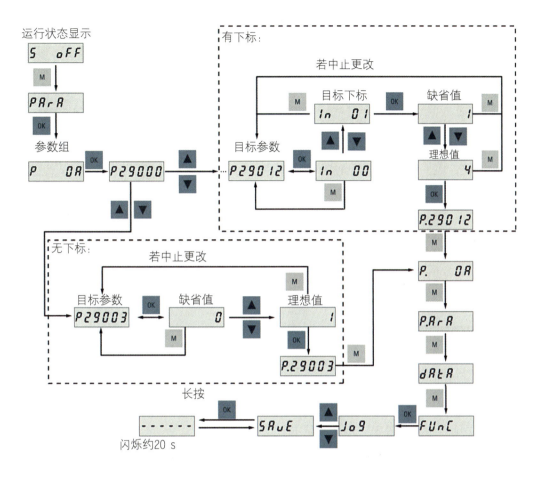

图4-3-8　西门子V90伺服电机驱动器参数设置流程

三、智能原料仓库的运行操作方法

（1）设备调试前准备工作：检查传送带，确保物料已清运走；打开电源和气阀。

（2）单机手动运行操作方法。

1）按下"开"按钮，设备上电，绿色指示灯亮，黄色指示灯闪烁。

2）按下"单机"按钮，单机指示灯点亮，接着按下"停止"按钮，再按"复位"按钮，复位完成时指示灯常亮。注意在使用原料仓库前必须进行复位操作。

3）点击"实时仓位"按钮进入实时仓位界面查看仓位状态，如图4-3-9所示。此处可以用来修改仓位状态，假如修改35B电机类型数量为2个，则在"35B电机"前的对话框内输入"2"，然后点击"更改"按钮完成。

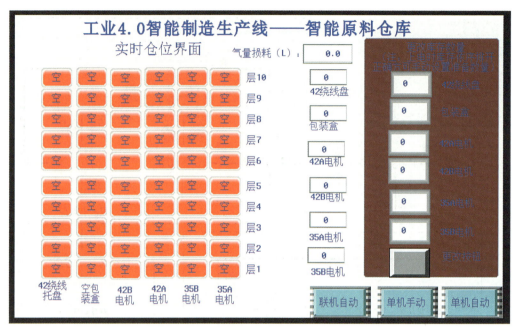

图4-3-9　智能原料仓库实时仓位界面

4）点击"单机手动"按钮。

5）在图4-3-10中按下"自动中"按钮进入手动调试状态。注意在进行手动调试状态前必须将中控台置于"停止"状态。

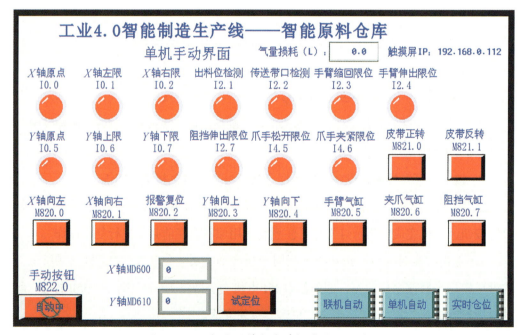

图4-3-10　智能原料仓库单机手动调试界面

（3）单机自动运行操作方法。

1）按下"开"按钮，设备上电，绿色指示灯亮，黄色指示灯闪烁。

2）按下"单机"按钮，单机指示灯点亮，接着按下"停止"按钮，再按"复位"按钮，复位完成时指示灯常亮。

3）按"单机自动"按钮，进入"单机自动界面"，如图4-3-11所示。此处可通过模拟下订单确定单机自动运行需要取工件的类型和数量。

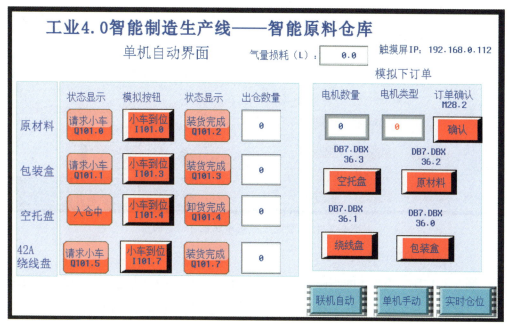

图4-3-11　智能原料仓库单机自动界面

4）设置完成后按"启动"按钮，启动指示灯亮，复位指示灯灭，设备开始运行。

5）在设备运行过程中随时按下"停止"按钮，停止指示灯亮并且启动指示灯灭，设备停止运行。

6）当设备运行中遇到紧急状况时，请迅速按下"急停"按钮，设备停止运行。

（4）智能原料仓库的联机运行调试。联机运行是指将智能原料仓库模块与整个智能生产线进行联合调试，调试步骤如下。

1）确认通信线完好，在"上电""复位"完成状态下，按下"联机"按钮，联机灯亮，单机灯灭，进入联网状态。

2）通过主站下达订单。

3）通过联机自动界面可以监测原料仓库的运行状态，如图4-3-12所示。

4）在联机状态下设备的启动权受控于总控制中心，运行中遇紧急状况，可按"急停"按钮，此时原料仓库的控制回到单机模式。

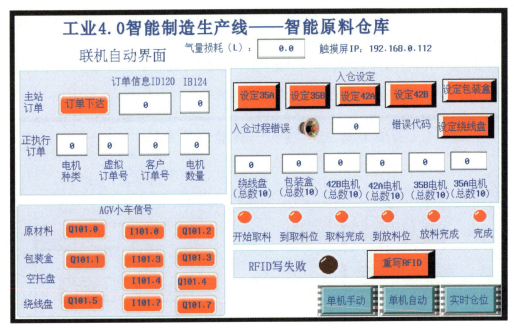

图4-3-12　智能原料仓库联机自动界面

（5）AGV的操作方法。

图4-3-13所示为AGV的路径规划图，方形框为工位，圆形为地标卡，线条为AGV的行进路线。AGV在运行时，沿着路线行驶，并通过检测地标卡的位置确认是否到达工作位置。AGV在开始工作前，首先需要对它的工作路径进行规划，根据路径规划情况自动运行到相应位置。在联机操作时，AGV自动运行，其自动操作方法如下。

1）由控制中心设定工作路径，AGV自动执行所有工序。

2）AGV执行完当前站点指令，会自行启动去到下一工位站点。

3）AGV到达下一工位站点，执行站点指令。执行完站点指令后，AGV会自行启动回到待命点，等待下一次呼叫。

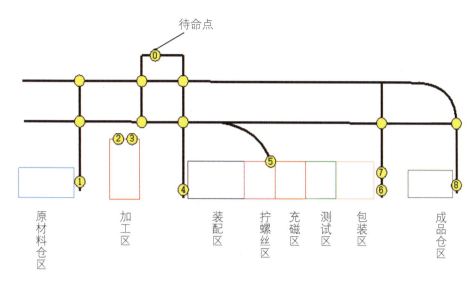

图4-3-13　AGV路径规划图

四、智能原料仓库日常维护及常见故障处理

1. 日常维护方法

（1）定期检查输送带及搬运机构是否有异响、松动情况。

（2）定期检查各传感器接线是否松动，各检测位对位是否正确。

2. 常见故障处理

使用智能原料仓库故障查询表（表4-3-5），处理常见故障。

表4-3-5　智能原料仓库故障查询表

代码	故障现象	故障原因	解决方法
Er1001	定位气缸不动作	定位传感器异常	调整传感器或更换
		气缸极限位丢失	调整气缸极限位置
		PLC无输出信号	检查PLC及线路
Er1002	出料皮带电机不动作	不满足转动条件	检查程序及相应条件
		线路故障	检查线路排除故障
		电气元件损坏	更换
		机械卡死或电机坏	调整结构或更换电机
Er1003	进料皮带电机不动作	不满足转动条件	检查程序及相应条件
		线路故障	检查线路排除故障
		电气元件损坏	更换
		机械卡死或电机坏	调整结构或更换电机

（续表）

代码	故障现象	故障原因	解决方法
Er1004	伺服器报警	三相电缺失	检查三相电线路
		显示报警代码	根据代码含义检查相应项目
Er1005	夹臂气缸不动作	气压不足	检查气路
		夹臂气爪伸出/缩回传感器异常	检查夹臂伸出/缩回及相应传感器线路
		检测位气缸前限位传感器异常	调整传感器或更换
		线路故障	检查相关线路电气元件
Er1006	夹爪气缸不动作	气压不足	检查气路
		夹爪传感器异常	检查搬运机构及相应传感器线路
		检测位气缸前限位传感器异常	调整传感器或更换
		线路故障	检查相关线路电气元件
Er1007	阻挡气缸不动作	气压不足	检查气路
		阻挡气缸传感器异常	检查阻挡气缸相应传感器线路
		检测位气缸前限位传感器异常	调整传感器或更换
		线路故障	检查相关线路电气元件
Er1010	RFID读写器异常	RFID读写指示灯不亮	检查线路，是否接触良好
		RFID读写触发不灵敏	检查调整机械接近距离
		RFID损坏	更换新的读写器

五、工作总结

（1）通过小组会议方式讨论任务完成情况。

（2）制订工作总结提纲，完成工作总结。

任务考核

在完成本任务的学习后，严格按照表4-3-6的要求进行测评，并完成自我评价、小组评价和教师评价。

表4-3-6　任务4-3测评表

组别		组长		组员		
评价内容			分值	自我评分	小组评分	教师评分
职业素养	1. 出勤准时率		6			
	2. 学习态度		6			
	3. 承担任务量		8			
	4. 团队协作性		10			
专业能力	1. 工作准备的充分性		10			
	2. 工作计划的可行性		10			
	3. 功能分析完整、逻辑性强		15			
	4. 总结展示清晰、有新意		15			
	5. 安全文明生产及6S		20			
总计			100			
个人的工作时间			提前完成			
			准时完成			
			滞后完成			

个人认为完成得好的地方：

_____

值得改进的地方：

_____

小组综合评价：

_____

组长签名：　　　　　　　教师签名：

_____

项目五
智能制造生产线加工系统的设计与实践

项目导入

　　智能加工技术是集数字化设计制造理论与人工智能理论于一体的先进加工技术，是智能制造系统的基础性技术，也是实现质量高、效益佳、控制优的智能制造的关键技术。智能制造生产线加工系统对可能出现的加工情况和效果进行预测，加工时通过先进的仪器装备对加工过程进行实时监测控制，并综合考虑理论知识和人类经验，利用计算机技术模拟制造专家的分析、判断、推理、构思和决策等智能活动，优选加工参数，调整自身状态，从而提高生产系统的适应性，获得最优的加工性能和最佳的加工质效。

　　SX-TFI4智能制造生产线的智能加工模块涉及一种常见的智能加工系统，由传送装置、数控机床和工业机器人共同组成，同时包含了多种传感器，在自动加工的基础上可以实现对加工过程的实时监测，由计算机对可能出现的情况作出判断。在完成智能原料仓库对电机端盖选型出库后，此模块可以根据不同的电机类型，选择与之相适应的加工程序，加工步进电机的前、后端盖。智能加工系统的承接上一站为智能原料仓库，承接下一站为智能装配区。

　　本项目分为以下三个学习任务：

　　任务一　智能制造生产线加工系统的功能需求分析

　　任务二　智能制造生产线加工系统的系统设计

　　任务三　智能制造生产线加工系统的操作与维护

　　希望通过本项目的学习，读者可以对智能制造生产线加工系统的组成和功能有清晰的认识，并能完成智能制造生产线加工系统的方案设计及操作。

智能制造生产线加工系统的功能需求分析

学习目标

1. 能对智能加工系统进行功能需求分析。
2. 掌握智能加工系统应具备的基本要素和功能。

任务描述

以智能制造生产线智能加工系统为具体实施对象，对智能加工系统的功能进行分析及梳理，从而总结出一般智能加工系统应具备的功能列表，为后续智能加工系统工艺流程设计及硬件选型工作打下基础。

学习储备

一、智能加工系统

SX-TFI4智能制造生产线的智能加工系统是整个系统的九大模块之一，主要由上下料单元、加工单元和清洗单元三部分组成，如图5-1-1所示。上下料单元由两条输送带和一台工业机器人组成。来料输送带将AGV送来的原料输送进来，停至某个点供工业机器人夹取，然后工业机器人将其夹起并放置在数控车床的卡盘上。待加工完成后，工业机器人再将加工好的零件从数控车床的卡盘内取出来放在清洗单元用清洗液进行清洗。然后，工业机器人将清洗完毕的零件从清洗单元夹起来放置在测距模块上，测距模块对加工点数据进行测量并将之传递到主站。最后，由工业机器人将零件放置在送料输送带上，送料输送带将零件逆向输送出去，以供AGV将之输送至下一个工位。加工单元为一台数控车床，用于完成原材料的加工工作。清洗单

元则包含清洗槽和吹干装置两个部分，负责将加工后的零件进行清洗和吹干。

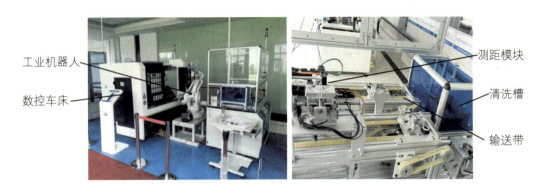

图5-1-1　智能加工系统的组成

二、数控车床

数控（Numerical Control，简称NC）技术是指用数字、文字和符号组成的数字指令来实现一台或多台机械设备动作控制的技术。数控一般是采用通用或专用计算机实现数字程序控制，因此数控也称为计算机数控，简称CNC。数控技术通过计算机事先存贮的控制程序，来执行对设备的运动轨迹和外设的操作时序逻辑控制的功能。由于采用计算机替代原先用硬件逻辑电路组成的数控装置，因此输入操作指令的存贮、处理、运算、逻辑判断等各种控制机能的实现，均可通过计算机软件来完成。

传统的机械加工都是用手工操作普通机床作业的，加工时用手摇动机械刀具切削金属，靠眼睛读取卡尺来测量产品的精度。现代工业早已使用电脑数字化控制的机床进行作业了，数控机床可以按照技术人员事先编好的程序自动对任何产品和零部件直接进行加工，这种加工方式就是数控加工。数控加工广泛应用于机械加工领域，更是模具加工的发展趋势和必要的技术手段。

在数控技术的基础上出现了多种数控加工设备，如数控铣床、数控车床、数控加工中心等。其中，数控车床是目前国内使用量最大、覆盖面最广的一种数控加工设备。数控车床主要用于轴类或盘类零件的内外圆柱面、任意角度的内外圆锥面、复杂回转的内外曲面和圆柱、圆锥螺纹等的切削加工，并能进行切槽、钻孔、扩孔、铰孔及镗孔等，特别适合加工形状复杂的零件。

在SX-TFI4智能制造生产线中采用的加工设备为广州数控设备有限公司生产的CK56T型车床，如图5-1-2所示。该数控车床采用了GSK988TA数控系统，系统操作面板为8.4寸液晶屏。数控车床操作面板是操作人员与数控车床进行交互的工具，是数控车床重要的输入、输出部件，操作人员可以通过它对数控车床进行操作、编程、调试，对车床参数进行设定和修改，还可以通过它了解、查询数控车床的运行状态。

图5-1-2　CK56T型数控车床

CK56T型数控车床属于斜床身系列，配16工位刀架。斜床身数控车床属于全能精密型数控车床，精度高、灵活耐用、外观大方、实用性强，具备走刀机与走心机的多重优点，最适用于航空、电子、钟表等行业的各种高精度、多批量、外形复杂的零件的精密加工。

斜床身数控车床的适用范围及特点：

（1）斜床身数控车床主要适用于精密、复杂的各种回转体零件的多品种、中小批量的精密加工。

（2）可选配液压卡盘及尾座，可实现自动上下料，选配好系统及功能部件一次夹持可实现车削及铣削功能等。

（3）能满足通常的内圆、外圆、台阶、锥面、球面、沟槽、各种螺纹和复杂曲面的加工；能够满足各类高温合金、钛合金、耐热合金、不锈钢、铸铁、铸钢等材料的铸锻件、毛坯件的粗、精加工。

（4）铸件采用回火，消除内应力，X、Z轴导轨采用台湾线性导轨，全行程直线度校正确保了机床运动的精确度和良好的精度保持性。

（5）斜床身数控车床可靠性好、刚性好、精度高、寿命长、速度快。能稳定可靠地完成各种难加工材料的粗、细、精加工。

（6）斜床身数控车床主轴拖动扭矩大，转速高。床身由高级铸铁铸成45°/60°斜床身，整体铸造成形。

三、工业机器人

工业机器人是面向工业领域的多关节机械手或多自由度的机器装置，它能自动执行工作，是靠自身动力和控制能力来实现各种功能的一种机器。它可以听命于人类指挥，也可以按照预先编排的程序运行。随着工业机器人的发展以及智能水平的提高，工业机器人已在众多领域得到了应用，如汽车及汽车零部件制造业、机械加工行业、电子电气行业、橡胶及塑料工业、食品工业、木材与家具制造业等。汽车制造是一个技术和资金高度密集的产业，也是工业机器人应用最广泛的行业，几乎占到整个工业机器人应用的一半以上。在汽车生产中，工业机器人是一种主要的自动化设备，在整车及零部件生产的弧焊、电焊、喷涂、搬运、涂胶、冲压等操作中均有大量应用。

工业机器人由主体、驱动系统和控制系统三个基本部分组成。主体即机座和执行机构，包括臂部、腕部和手部，有的机器人还有行走机构，大多数工业机器人有3~6个运动自由度，其中腕部通常有1~3个运动自由度；驱动系统包括动力装置和传动机构，用以使执行机构产生相应的动作；控制系统按照输入的程序对驱动系统和执行机构发出指令信号，并进行控制。

工业机器人有很多种分类方法。按臂部的运动形式分为直角坐标型、圆柱坐标型、球坐标型和关节型等；按照程序输入方式分为编程输入型和示教输入型两类；按执行机构运动的控制机能又可分为点位型和连续轨迹型。

工业机器人是现代制造业的基础设备，它属于自动化制造系统的物理层次。机器人的过去、现在和未来都与制造业发展密切相关。多年的工业机器人使用经验表明：使用工业机器人可以降低废品率和产品成本，提高机床的利用率，降低工人误操作带来的残次零件风险等。其带来的一系列效益也十分明显，如：改善劳动条件，逐步提高生产效率；具有更强与可控的生产能力；加快产品更新换代；提高零件的处理能力与产品质量；消除枯燥无味的工作，节约劳动力；提供更安全的工作环境，降低工人的劳动强度和劳动风险；等等。

在SX-TFI4智能制造生产线中，机床加工上下料时采用的是ABB公司生产的IRB1410型六轴工业机器人，而在装配区使用的则是ABB公司生产的IRB120型六轴工业机器人，如图5-1-3所示。ABB公司的总部在瑞士苏黎世，其致力于研发、生产机器人已有50多年的历史。ABB公司是工业机器人的先行者以及世界领先的机器人制造厂商，在瑞典、挪威和中国等地设有机器人研发、制造和销售基地。该公司于1969年售出全球第一台喷涂机器人，稍后于1974年发明了世界上第一台工业电动机器人，并拥有最多种类、最全面的机器人产品、技术和服务。

IRB1410是一种多关节型串联机器人，具有六个自由度，承载能力6 kg，重复定位精度±0.03 mm，有效到达距离可达810 mm。标准IRB1410型机器人能够以任意角度安装在地面或墙体上，也可以进行悬挂安装，使安排生产线总体布局具有很大的灵活性。而IRB120则是迄今为止ABB公司推出的最小的多用途六轴工业机器人，其结构紧凑、敏捷、轻量，质量仅为25 kg，承载能力3 kg，工作范围可达580 mm，重复定位精度可达±0.01 mm。更多关于IRB1410和IRB120的资料请登录ABB公司官方网站查看。

IRB1410型

IRB120型

图5-1-3　ABB工业机器人

一、制订工作计划

（1）工作组织：教师组织学生分组，每小组由4~6名学生组成，选定1名组长

（负责组织和分配任务），1名安全监督员（负责操作时的安全监督和记录）。

（2）接受任务：教师引导学生阅读任务单，完成任务单（表5-1-1）的填写。

表5-1-1　任务5-1工作任务单

SX-TFI4智能制造生产线智能加工系统功能需求分析任务单			
单号：No. ＿＿＿＿	开单部门：＿＿＿＿		开单人：＿＿＿＿
开单时间：＿＿＿＿		接单部门：＿＿＿＿	
任务描述	以智能制造生产线智能加工系统为具体实施对象，通过现场参观，对智能加工系统的功能及工作流程进行分析，总结出一般智能加工系统应具备的功能列表		
要求完成时间			
接单人		签名：	时间：

（3）工作计划表：制订详细的工作计划，并填入表5-1-2。

表5-1-2　任务5-1工作计划表

阶段	任务说明	计划工作内容	计划完成时间	责任人

二、制作功能分析表

参观智能制造生产线或观看相关视频，学习相关知识，记录参观情况，并完成功能分析表的制作。

（1）填写智能加工系统的组成，并分析各组成部分的功能，具体可参照表5-1-3。

表5-1-3　智能加工系统功能分析表

序号	组成部分	完成功能
1	数控车床	完成步进电机端盖的机械加工
2	ABB六轴工业机器人	完成步进电机端盖的上下料搬运
3	清洗单元	完成步进电机端盖的清洗及吹干
4	输送带	来料输送带将AGV送来的原料输送进来；送料输送带将加工、清洗好的零件逆向输送出去，以供AGV输送到下一个工位

（2）思考：工业机器人与数控机床的联动是如何实现的？

三、工作总结

（1）采取小组会议方式讨论任务完成情况。

（2）制订工作总结提纲，完成工作总结。

任务考核

在完成本任务的学习后，严格按照表5-1-4的要求进行测评，并完成自我评价、小组评价和教师评价。

表5-1-4　任务5-1测评表

组别		组长		组员		
评价内容			分值	自我评分	小组评分	教师评分
职业素养	1. 出勤准时率		6			
	2. 学习态度		6			
	3. 承担任务量		8			
	4. 团队协作性		10			
专业能力	1. 工作准备的充分性		10			
	2. 工作计划的可行性		10			
	3. 功能分析完整、逻辑性强		15			
	4. 总结展示清晰、有新意		15			
	5. 安全文明生产及6S		20			
总计			100			
个人的工作时间		提前完成				
		准时完成				
		滞后完成				

个人认为完成得好的地方：

值得改进的地方：

小组综合评价：

组长签名：　　　　　　　　　教师签名：

智能制造生产线 的运行与维护

 智能制造生产线加工系统的系统设计

① 通过学习智能加工系统运行工艺流程，能够掌握加工工艺流程特点与关键工序。

② 能进行智能加工系统工艺流程设计。

③ 具备依据智能加工系统工艺流程进行硬件选型的能力。

以智能制造生产线智能加工系统为具体实施对象，分析其详细工艺流程，并依据流程选择合适的硬件设备，为后续智能加工系统的组装、调试打下基础。

一、步进电机前端盖的加工工艺

步进电机前端盖图纸如图5-2-1所示，因为前端盖是模压件，故仅需要做以下工序：

（1）人工先去毛刺并转4-M3孔。

（2）在数控车床上车 ϕ22上偏差0、下偏差-0.052凸台。

（3）流进工业4.0系统：在数控车床上车端面尺寸14和9（上偏差0、下偏差-0.15）；再车 ϕ16（上偏差+0.011、下偏差-0）和 ϕ50.2（上偏差+0.02、下偏差0）。

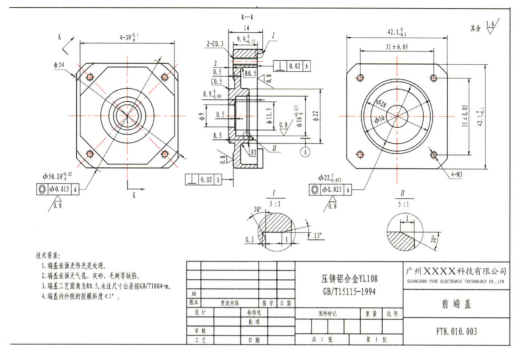

图5-2-1　步进电机前端盖图纸

二、智能加工系统的动作流程

（1）AGV将原材料输送到来料输送带上，工业机器人把原材料夹起并放置在数控车床的卡盘上。

（2）数控车床按编制好的加工程序进行机械加工。

（3）工业机器人把加工完成的零件从数控车床的卡盘内取出并放在清洗单元，用清洗液进行清洗，然后用气枪吹干净。

（4）工业机器人将零件放置在测距模块工位，测距模块对加工点数据进行测量并反馈至主站。

（5）工业机器人把零件夹起并放置在送料输送带上，AGV将零件输送到下一个工位。

一、制订工作计划

（1）工作组织：教师组织学生分组，每小组由4～6名学生组成，选定1名组长（负责组织和分配任务），1名安全监督员（负责操作时的安全监督和记录）。

（2）接受任务：教师引导学生阅读任务单，完成任务单（表5-2-1）的填写。

表5-2-1　任务5-2工作任务单

SX-TFI4智能制造生产线智能加工系统方案设计任务单				
单号：No. _____		开单部门：_____		开单人：_____
开单时间：_____		接单部门：_____		
任务描述	以智能制造生产线智能加工系统为具体实施对象，分析其详细工艺流程，并依据流程选择合适的硬件			
要求完成时间					
接单人		签名：		时间：

（3）工作计划表：制订详细的工作计划，并填入表5-2-2。

表5-2-2　任务5-2工作计划表

阶段	任务说明	计划工作内容	计划完成时间	责任人

二、设计系统方案

根据上一任务制作的功能分析表的要求设计系统方案。

（1）任务准备：调出上一任务制作的功能分析表。

（2）根据参观结果，梳理智能加工系统详细工艺流程。具体工艺流程可参照图5-2-2。

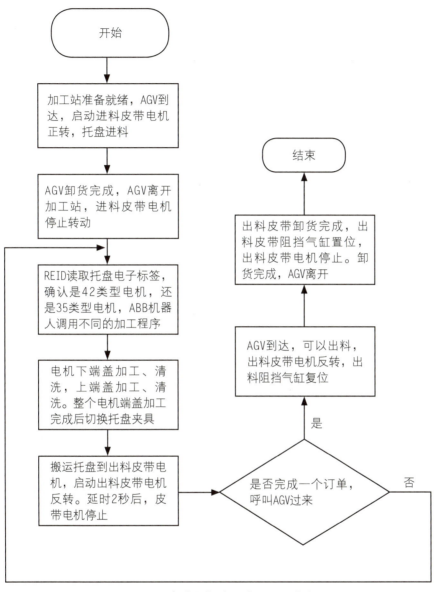

图5-2-2 步进电机前端盖加工工艺流程

（3）智能加工系统方案设计：根据智能加工系统的工艺流程进行系统的构成方案设计，设计方案时列出相应的硬件设备需求及采用的技术。具体设计方案构成可参照表5-2-3。

表5-2-3　智能加工系统方案设计表

编号	功能	对应硬件	涉及技术
1	原料类型甄别	RFID	RFID技术
2	上下料搬运	输送带	PLC技术、传感技术
		工业机器人	工业机器人编程、PLC技术、传感技术
3	机械加工	数控车床	数控机床编程
4	清洗单元	清洗槽、气枪	PLC技术、传感技术、气压传动
5	测距单元	测距传感器	传感技术
6	中央总控	PLC	PLC技术

（4）主要功能硬件选型：在系统方案设计的基础上，根据功能需求完成系统的硬件选型。各种硬件的具体选型过程均有相应的方法，SX-TFI4智能制造生产线的智能加工系统所采用的硬件配置如表5-2-4所示。

表5-2-4　智能加工系统硬件配置表

编号	设备名称	型号	用途	品牌
1	数控车床	CK56T	机械加工	广州数控
2	输送带	61K120GU-CF	原料及成型件输送	ZD Motor
3	六轴工业机器人	ABB IRB140	上下料搬运	ABB
4	清洗单元	三向公司自制	清洗及吹干	三向
5	激光位移传感器	CD22-485	测量距离	FASTUS
6	PLC	CPU314C-2PN/DP	电气程序控制	西门子

三、工作总结

（1）采取小组会议方式讨论任务完成情况。

（2）制订工作总结提纲，完成工作总结。

任务考核

— ☐ ✕

在完成本任务的学习后，严格按照表5-2-5的要求进行测评，并完成自我评价、小组评价和教师评价。

表5-2-5　任务5-2测评表

组别		组长		组员			
评价内容			分值	自我评分	小组评分	教师评分	
职业素养	1. 出勤准时率		6				
	2. 学习态度		6				
	3. 承担任务量		8				
	4. 团队协作性		10				
专业能力	1. 工作准备的充分性		10				
	2. 工作计划的可行性		10				
	3. 功能分析完整、逻辑性强		15				
	4. 总结展示清晰、有新意		15				
	5. 安全文明生产及6S		20				
总计			100				
个人的工作时间			提前完成				
			准时完成				
			滞后完成				

个人认为完成得好的地方：

值得改进的地方：

小组综合评价：

组长签名：　　　　　　　教师签名：

 **智能制造生产线加工系统的操作与维护**

学习目标

① 掌握智能加工系统的操作、维护方法。
② 掌握智能加工单元各硬件的基本功能与特性。
③ 具备智能加工系统的编程调试与常见故障排除能力。

 任务描述

以智能制造生产线智能加工系统为具体实施对象，依据加工工艺流程及硬件选型进行系统的组装与调试，最终使智能加工系统按预期目标稳定运行，并能结合故障查询表排除常见故障。

 **学习储备**

西门子（SIEMENS）系列PLC

西门子系列PLC为德国西门子公司生产的可编程控制器，在我国工业控制中的应用相当广泛，如在冶金、化工、印刷生产线等领域都有应用。西门子PLC产品包括LOGO、S7系列等，其中S7系列PLC体积小、速度快、标准化，具有网络通信能力，功能更强、可靠性高。S7系列PLC产品可分为微型PLC（如S7-200），小规模性能要求的PLC（如S7-300）和中、高性能要求的PLC（如S7-400），以及近年来升级版的PLC（如S7-1200、S7-1500等）。由于S7-1200性能优越，一般被当作S7-200和S7-300的升级版使用，而S7-1500则作为S7-400的升级版本使用，其中S7-300的应用非常广泛。

S7-300系列PLC是一种通用型PLC，适合自动化工程中的各种应用场合，尤其是在生产制造工程中。S7-300基于模块化、无风扇结构设计，采用DIN标准导轨安装，配置灵活、安装简单、维护容易、扩展方便，各种模块可以进行广泛的组合和扩展。

基于模块化设计的S7-300系列PLC系统由导轨和各种模块组成，构成系统的主要模块有中央处理单元（CPU）、信号模块（SM）、通信处理模块（CP）、功能模块（FM）；辅助模块有电源模块（PS）、接口模块（IM）；特殊模块有占位模块（DM 370）、仿真模块（SM374）等。

（1）导轨：导轨是安装S7-300模块的机架，导轨用螺钉紧固、安装在支撑物体上，S7-300系列PLC的所有模块均直接用螺钉紧固在导轨上。导轨采用特制不锈钢异形板（DIN标准导轨），其长度有160 mm、482 mm、530 mm、830 mm、2000 mm 5种，可根据实际需要选择。

（2）电源模块：用来将交流120 V/230 V电压转换为24 V直流工作电压，为S7-300的CPU和24 V直流负载电路提供电源。S7-300的电源模块有4种：PS 305（2 A）、PS 307（2 A）、PS 307（5 A）、PS 307（10 A）。

（3）CPU模块：主要用来执行用户程序，同时还为S7-300背板总线提供电源。在MPI（多点接口）网络中，通过MPI还能与其他MPI网络节点进行通信，专用CPU还有其他一些功能。

（4）信号模块：使不同级的过程信号电平和S7-300的内部信号电平相匹配。S7-300的信号模块有数字量输入模块、数字量输出模块、数字量I/O模块、模拟量输入模块、模拟量输出模块、模拟量I/O模块等。

（5）功能模块：用于对时间要求苛刻、存储器容量要求较大的过程信号处理任务，如定位或闭环控制。常用的功能模块有计数器模块、位置控制与位置检测模块、闭环控制模块等。

（6）通信处理模块：用来扩展中央处理单元的通信任务，如CP342-5与PROFIBUS-DP的连接，其附件为连接电缆。

（7）接口模块：用于连接各个机架，其附件为连接电缆。

（8）仿真模块：用于启动和运行时调试程序。仿真模块上有16个开关，可用于传感器信号的仿真；16个LED指示灯，可用于指示输出信号的状态。其附件为总线连接器。

（9）占位模块：用于为尚未参数化的信号模块保留一个槽位。当占位模块被信号模块替换时，整体的配置地址分配均保持不变。

S7-300系列PLC的硬件在安装时，前三个槽位的安装模块是固定不变的，电源模块总是安装在最左边的槽位上（1号槽位），CPU模块总是安装在电源右侧的槽位上（2号槽位），3号槽位则用于展位模块的安装使用，其他模块则可以根据需要安装在其他槽位上。

S7-300系列PLC的信号模块均有相对应的模块地址，其地址范围与模块所在的机架号和槽位号有关，而具体的位地址或通道地址则与信号线接在模块上的端子有关。根据机架上模块的类型，地址可以为输入（I）和输出（O）两种。S7-300的数字量（或称开关量）I/O点地址由地址标识符、地址的字节部分和位部分组成，1个字节由0~7这8位组成。例如，I3.2是一个数字量输入点的地址，小数点前面的3是地址的字节部分，小数点后面的2表示它是字节中的第二位，I3.0~I3.7组成一个输入字节IB3。从0号字节开设，给每个数字量信号模块分配4B（4字节）的地址，相当于32个I/O点。M号机架（M=0~3）的N号槽（N=4~11）的数字量信号模块的起始地址为$32*M+（N-4）*4$。

模拟量模块以通道为单位，一个通道占1个字或2个字节的地址。S7-300的模拟量模块的字节地址为IB256~767。一个模拟量模块最多有8个通道，从256号字节开始，S7-300给每个模拟量模块分配16B（8个字）的地址。M号机架的N号槽的模拟量模块的起始字节地址为$128*M+（N-4）*16+256$。表5-3-1给出了信号模块地址分配的例子。

表5-3-1　信号模块地址举例

机架号	模块	槽号					
		4	5	6	7	8	9
0	模块类型	16点DI	16点DI	32点DI	32点DI	16点DI	8通道AI
	地址	I0.0~I1.7	I4.0~I5.7	I8.0~I11.7	I12.0~I15.7	Q16.0~Q17.7	IW336~IW350
1	模块类型	2通道AI	8通道AI	2通道AO	8点DO	32DO	—
	地址	IW384, IW386	QW400~QW414	QW416, QW418	Q44.0~Q44.7	Q48.0~Q51.7	—

在STEP 7的硬件组态工具HW Config中对信号模块组态时，系统将会根据模块所在的机架号和槽号，按上述的原则自动地分配模块的默认地址，也可以根据具体接线进行更改。

 **任务实施**

一、制订工作计划

（1）工作组织：教师组织学生分组，每小组由4~6名学生组成，选定1名组长（负责组织和分配任务），1名安全监督员（负责操作时的安全监督和记录）。

（2）接受任务：教师引导学生阅读任务单，完成任务单（表5-3-2）的填写。

表5-3-2　任务5-3工作任务单

SX-TFI4智能制造生产线智能加工系统的操作与维护任务单	
单号：No.　　　　　　开单部门：　　　　　　开单人：　　　　 开单时间：　　　　　　　　接单部门：	
任务描述	以智能制造生产线加工系统为具体实施对象，依据加工工艺流程及硬件选型进行系统的组装与调试，最终使智能加工系统按预期目标稳定运行，并能结合故障查询表排除常见故障
要求完成时间	
接单人	签名：　　　　　　时间：

（3）工作计划表：制订详细的工作计划，并填入表5-3-3。

表5-3-3　任务5-3工作计划表

阶段	任务说明	计划工作内容	计划完成时间	责任人

二、系统的硬件连接、参数设置及调试

（1）根据智能加工系统的具体功能及硬件组成，定义智能加工系统的I/O地址分配表，如表5-3-4至表5-3-7所示。

表5-3-4 智能加工系统的I/O地址分配表

序号	名称	功能描述	备注
1	I0.1	出料皮带启动位检测	
2	I0.2	出料皮带停止位检测	
3	I0.3	机器复位信号	
4	I0.4	高速计数器脉冲HSC_P	
5	I0.5	进料末端阻挡气缸伸出到位	
6	I0.6	高速计数器方向HSC_D	
7	I0.7	高速计数器复位HSC_R	
8	I1.0	进料皮带启动检测	
9	I1.1	进料皮带停止检测	
10	I1.2	启动按钮	
11	I1.3	停止按钮	
12	I1.4	复位按钮	
13	I1.5	联机按钮	
14	Q0.0	上料皮带电机正转输出	
15	Q0.1	出料皮带电机反转输出	
16	Q0.2	清洁吹气电磁阀	
17	Q0.3	进料阻挡气缸电磁阀	
18	Q0.4	出料阻挡气缸电磁阀	
19	Q0.5	三色灯红灯报警	
20	Q0.6	启动指示灯	
21	Q0.7	停止指示灯	
22	Q1.0	复位指示灯	
23	Q1.1	机器人报警输出	
24	Q1.2	机床报警输出	
25	Q1.3	35_DW_加工	
26	Q1.4	35_UP_加工	
27	Q1.5	三色灯停止复位黄灯	
28	Q1.6	三色灯运行绿灯	
29	Q3.0	程序选择0	
30	Q3.1	程序选择1	
31	Q3.2	程序选择2	
32	Q3.3	程序选择3	
33	Q3.5	35_Type_motor	
34	Q3.6	42_UP_加工	

表5-3-5　智能加工系统工业机器人的I/O变量配置表（PN通信）

序号	机器人变量名称	机器人变量占用中间地址	对应PLC地址	类型	备注
1	取料位待加工	M50.0	写数据块DB1.DBB0	输入	
2	放托盘位空	M50.1	写数据块DB1.DBB0	输入	
3	Motor on	M50.2	写数据块DB1.DBB0	输入	
4	Motor on and Start	M50.3	写数据块DB1.DBB0	输入	
5	Start机器人程序RUN	M50.4	写数据块DB1.DBB0	输入	
6	机器人异常复位	M50.5	写数据块DB1.DBB0	输入	
7	Motor off	M50.6	写数据块DB1.DBB0	输入	
8	Stop	M50.7	写数据块DB1.DBB0	输入	
9	主程序启动（Start at main）	M51.0	写数据块DB1.DBB1	输入	
10	机床报警输入	M51.4	写数据块DB1.DBB1	输入	
11	托盘可以放下	M51.6	写数据块DB1.DBB1	输入	
12	托盘松开	M51.7	写数据块DB1.DBB1	输入	
13	电机类型输入	MB53	写数据块DB1.DBB3	输入	
14	回安全点	M55.0	读数据块DB2.DBB0	输出	
15	托盘搬运请求	M55.1	读数据块DB2.DBB0	输出	
16	托盘放下完成	M55.2	读数据块DB2.DBB0	输出	
17	35_加工类型前_后	M55.4	读数据块DB2.DBB0	输出	
18	自动模式（1）	M55.5	读数据块DB2.DBB0	输出	
19	程序运行（1）	M55.6	读数据块DB2.DBB0	输出	
20	机器人急停（2）	M55.7	读数据块DB2.DBB0	输出	
21	42_加工类型前_后	M56.0	读数据块DB2.DBB1	输出	
22	到达吹气点输出	M56.3	读数据块DB2.DBB1	输出	
23	机床报警	M56.6	读数据块DB2.DBB1	输出	
24	42_up_jiagong	M56.7	读数据块DB2.DBB1	输出	
25	35_dw_jiagong	M57.1	读数据块DB2.DBB2	输出	
26	35_up_jiagong	M57.2	读数据块DB2.DBB2	输出	
27	42_dw_jiagong	M57.3	读数据块DB2.DBB2	输出	
28	电机加工类型	MB58	读数据块DB2.DBB3	输出	

表5-3-6　智能加工系统工业机器人的I/O变量配置表（I/O通信）

序号	机器人变量名称	对应PLC地址	备注
1	告诉机器人机床报警	INP_0	
2	工件夹具座检测	INP_1	

智能制造生产线的运行与维护

（续表）

序号	机器人变量名称	对应PLC地址	备注
3	托盘夹具座检测	INP_2	
4	气爪夹紧到位检测	INP_4	
5	气爪放松到位检测	INP_5	
6	告诉机器人卡盘已夹紧	INP_7	
7	告诉机器人自动门已开	INP_10	
8	告诉机器人自动门已关	INP_12	
9	触发机器人送料	INP_13	
10	告诉机器人卡盘已松开	INP_14	
11	快换夹具电磁阀	OUT_0	
12	夹紧放松电磁阀	OUT_9	
13	机器人报警	OUT_11	
14	机器人触发启动程序	OUT_12	
15	机械人控制卡盘松	OUT_13	
16	机械人控制卡盘紧	OUT_14	
17	告诉系统自动门闭	OUT_15	

表5-3-7　智能加工系统数控车床改造的I/O变量配置表（I/O通信）

序号	数控车床变量名称	对应PLC地址	备注
1	防护门开到位检测信号	X100.0	
2	防护门关到位检测信号	X100.1	
3	卡盘紧到位信号（外卡）	X103.3	
4	卡盘松到位信号（外卡）	X103.4	
5	I/O选择程序	X100.4	
6	I/O选择程序	X102.3	
7	I/O选择程序	X102.5	
8	I/O选择程序	X103.5	
9	I/O选择程序	X104.7	
10	机器人报警	X102.7	
11	机械手控制机床循环启动	X100.2	
12	机械手控制卡盘松	X103.6	
13	机械手控制卡盘紧	X103.7	
14	机械手控制自动门关	X100.3	
15	自动门打开（M80）	Y101.0	
16	自动门关闭（M81）	Y101.1	
17	外卡夹紧（M12）	Y101.4	
18	外卡放松（M13）	Y101.5	

（续表）

序号	数控车床变量名称	对应PLC地址	备注
19	黄灯（常态）	Y102.2	
20	绿灯（运行）	Y102.3	
21	红灯（报警）	Y102.4	
22	机床准备好	Y102.5	
23	自动门关闭到位	Y103.0	
24	自动门打开到位	Y103.1	
25	卡盘夹紧到位	Y103.2	
26	卡盘松开到位	Y103.3	
27	机床报警	Y103.4	
28	吹气	Y102.7	

（2）结合所选元件与I/O定义，绘制智能加工系统接线原理图，如图5-3-1、图5-3-2所示。

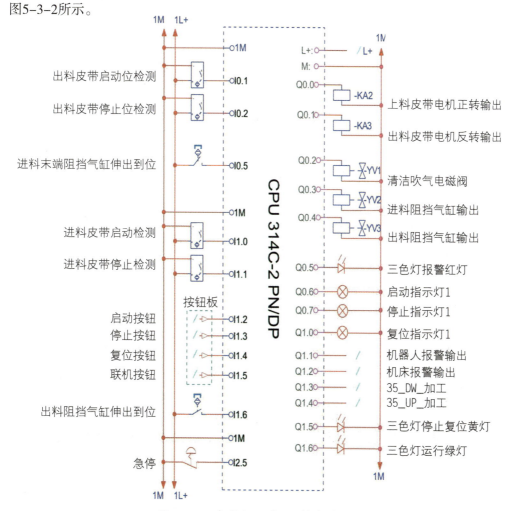

图5-3-1 智能加工区PLC接线原理图

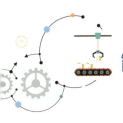

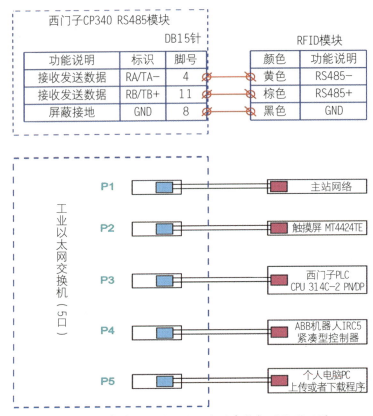

西门子CP340 RS485模块 DB15针			RFID模块	
功能说明	标识	脚号	颜色	功能说明
接收发送数据	RA/TA−	4	黄色	RS485−
接收发送数据	RB/TB+	11	棕色	RS485+
屏蔽接地	GND	8	黑色	GND

工业以太网交换机（5口）

P1 — 主站网络
P2 — 触摸屏 MT4424TE
P3 — 西门子PLC CPU 314C-2 PN/DP
P4 — ABB机器人IRC5 紧凑型控制器
P5 — 个人电脑PC 上传或者下载程序

图5-3-2　智能加工区工业以太网交换机通信原理图

（3）根据接线原理图完成电气元件的连接，连接好的实物如图5-3-3所示。

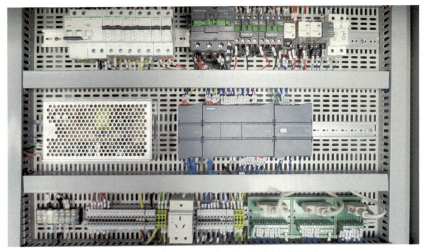

图5-3-3　智能加工系统电气连接实物图

（4）开机前检查事项。

1）观察机构上各元件外表是否有明显移位、松动或损坏等现象，如果存在以上现象，及时调整、紧固或更换元件；观察皮带上是否放置了物料盒，如未放置应及时放置。

2）按照接线图检查桌面和挂板接线是否正确，检查24 V电源，电气元件电源线等线路是否有短路、断路现象，特别需检查PLC各24 V输入、输出信号是否对220 V短路。

3）接通气路，打开气源，手动按电磁阀，确认各气缸及传感器的原始状态。

（5）智能加工系统运行操作方法。

1）自动运行前准备工作：

①确保加工机器人"自动/手动"钥匙开关已在"自动"状态。

②确保机器人夹具已经卸载，并正确放置于对应的夹具座上。

③确保输送带上物料已清走，各加工位没有电机及异物。

④留意托盘物料摆放位置的方向、缺口方向，放置托盘的物料是否有错漏。

⑤准备好要加工的电机端盖并正确放置在对应的托盘上。

2）单机自动运行操作方法：

①按下"开"按钮，设备上电，绿色指示灯亮，黄色指示灯闪烁。

②按下"单机"按钮，单机指示灯点亮，接着按下"停止"按钮，再按下"复位"按钮，复位指示灯常亮。

③复位成功后按"启动"按钮，启动指示灯亮，复位指示灯灭，设备开始运行。

④小车画面如图5-3-4所示。单机运行时需要模拟小车的送料和出料过程，把已放置电机端盖的托盘放于输送带入口处，按下"小车到达进料口M230.1"按钮，进料电机正转。接着按下"模拟送到数量MW32"按钮，假设在弹出画面中输入"2"确认。

⑤当托盘被运输到进料皮带停止位时，皮带停止运转。RFID读取托盘的电子标签，判定、分辨电机的型号，画面如图5-3-5所示。

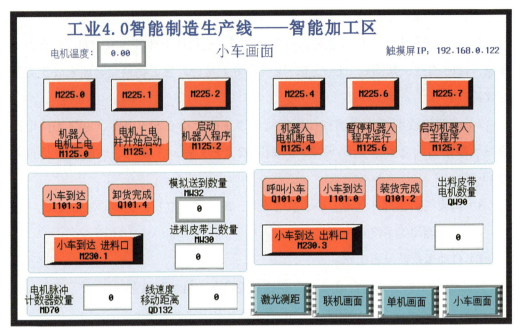

图5-3-4　智能加工系统小车画面

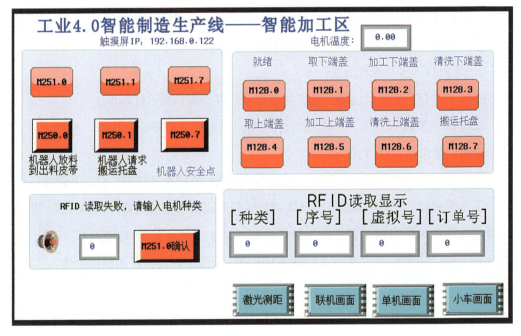

图5-3-5　智能加工系统RFID读取画面

⑥如果RFID标签读取失败，界面闪烁报警，这时需要人工干预输入电机型号，假设输入"4"，接着按"确认"按钮，触发阻挡气缸伸出。定位固定好托盘，ABB加工机器人工作，抓取工件夹具，为搬运下/上端盖加工做准备。

⑦ABB加工机器人将完成一系列动作：搬运下/上端盖、翻面、清洗；还回工件夹具；抓取托盘夹具，阻挡气缸复位。

⑧清洗完成后，机器人会将零件放置在测距工位，激光位移传感器会对每个零件的四个位置进行测量，如图5-3-6所示。同时也可以通过此画面对测距传感器进行参数设置。

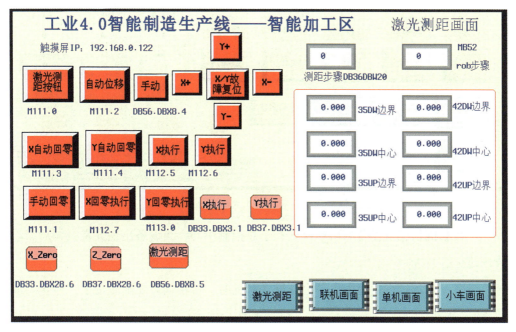

图5-3-6　智能加工系统激光测距画面

⑨测距完成后，机器人将零件放置在托盘上，并将整个托盘抓取搬运到出料皮带，触发出料皮带电机反转启动。运行3 s后皮带停止转动。ABB加工机器人还回托盘夹具，回到初始化原点状态。

⑩完成订单后，在小车画面中按下"小车到达出料口M230.1"按钮，出料阻挡气缸缩回复位，启动出料皮带电机反转输出。完成出料数量，出料阻挡气缸置位伸出，皮带电机运转停止。

3）联机自动运行操作方法：

①按下"开"按钮，设备上电，绿色指示灯亮，黄色指示灯闪烁。

②按下"停止"按钮，再按下"复位"按钮，复位指示灯常亮。

③复位完成状态下，按下"联机"按钮，联机指示灯亮，单机指示灯灭，进入联机状态，如图5-3-7所示。

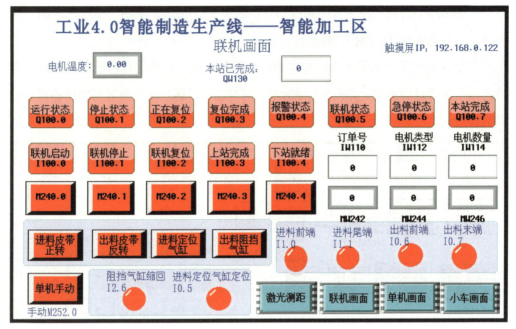

图5-3-7　智能加工系统联机画面

④在联机状态下设备的启动权受控于总控制中心，当设备出现异常报警后启动权自动交给本站。

⑤当在设备运行过程中设备出现异常状况时，可根据需要随时按下"停止"或"急停"按钮。

⑥在联机状态下设备的运行监控切换与单机模式类似，可监控当前加工电机类型；小车画面可监控进料皮带电机数量及出料皮带电机数量。

三、智能加工系统日常维护与常见故障处理

（1）日常维护方法。

1）定期检查输送皮带、各装配工位是否有异响、松动情况。

2）定期检查各传感器接线是否松动，各检测位对位是否正确等。

3）定期检查机器人底座是否松动，零点位置是否变化等。

（2）常见故障请参照表5-3-8进行处理。

表5-3-8　智能加工系统故障查询表

代码	故障现象	故障原因	解决方法
Er6001	定位气缸不动作	定位传感器异常	调整或更换传感器
		气缸极限位丢失	调整气缸极限位位置
		PLC无输出信号	检查PLC及线路
Er6002	进料输送皮带不动作	不满足转动条件	检查程序及相应条件
		线路故障	检查线路排除故障
		电气元件损坏	更换
		机械卡死或电机损坏	调整结构或更换电机
Er6003	出料输送皮带不动作	不满足转动条件	检查程序及相应条件
		线路故障	检查线路排除故障
		电气元件损坏	更换
		机械卡死或电机损坏	调整结构或更换电机
Er6005	阻挡气缸不动作	气压不足	检查气路
		搬运阻挡气缸没有下降到位或下降位距离传感器异常	检查阻挡气缸机构及相应传感器线路
		阻挡气缸前限位传感器异常	调整或更换传感器
		线路故障	检查相关线路电气元件
Er6006	自动门气缸不动作	气压不足	检查气路
		自动门没有关到位或开到位，传感器距离异常	检查自动门相应传感器线路
		自动门气缸前限位传感器异常	调整或更换传感器
		线路故障	检查相关线路电气元件
Er6007	卡盘松紧到位故障	液压压力不足	检查卡盘液压压力
		卡盘夹紧没有到位或卡盘放松到位，传感器距离异常	检查卡盘夹紧或者放松及相应传感器线路
		传感器异常	调整或更换传感器
		线路故障	检查相关线路电气元件
Er6010	工件夹紧/放松气缸不动作	气压不足	检查气路
		搬运夹紧没有到位或放松到位，传感器距离异常	检查搬运机构及相应传感器线路
		夹紧/放松气缸限位传感器异常	调整或更换传感器
		线路故障	检查相关线路电气元件

四、工作总结

（1）采取小组会议方式讨论任务完成情况。

（2）制订工作总结提纲，完成工作总结。

— □ ✕

任务考核

在完成本任务的学习后，严格按照表5-3-9的要求进行测评，并完成自我评价、小组评价和教师评价。

表5-3-9　任务5-3测评表

组别		组长		组员			
评价内容				分值	自我评分	小组评分	教师评分
职业素养	1. 出勤准时率			6			
	2. 学习态度			6			
	3. 承担任务量			8			
	4. 团队协作性			10			
专业能力	1. 工作准备的充分性			10			
	2. 工作计划的可行性			10			
	3. 功能分析完整、逻辑性强			15			
	4. 总结展示清晰、有新意			15			
	5. 安全文明生产及6S			20			
总计				100			
个人的工作时间				提前完成			
				准时完成			
				滞后完成			

个人认为完成得好的地方：

值得改进的地方：

小组综合评价：

组长签名：　　　　　　　　　　教师签名：

项目六
智能制造生产线装配系统的设计与实践

项目导入

　　SX-TFI4智能制造生产线的装配系统由传送装置、工业机器人和PLC等共同组成，同时包含多种传感器，可以完成电机零部件的组装过程。智能装配系统由电机整机组装单元和拧螺丝单元两个子单元组成，一个完成轴承及整机的装配，另一个则完成拧螺丝及外表检测的任务。本项目将对两个子单元分别进行介绍。智能装配系统的承接上一站为智能加工区，承接下一站为智能检测区。

　　本项目分为以下六个学习任务：

　　任务一　智能制造生产线装配系统电机整机组装单元的功能需求分析

　　任务二　智能制造生产线装配系统电机整机组装单元的系统设计

　　任务三　智能制造生产线装配系统电机整机组装单元的操作与维护

　　任务四　智能制造生产线装配系统拧螺丝单元的功能需求分析

　　任务五　智能制造生产线装配系统拧螺丝单元的系统设计

　　任务六　智能制造生产线装配系统拧螺丝单元的操作与维护

　　希望通过本项目的学习，读者能对智能装配系统的组成和功能有清晰的认识，并能完成智能装配系统的方案设计及操作。

智能制造生产线 的运行与维护

任务一 智能制造生产线装配系统电机整机组装单元的功能需求分析

学习目标

① 能对智能装配系统的电机整机组装单元进行功能需求分析。

② 掌握智能装配系统电机整机组装单元应具备的基本要素和功能。

任务描述

　　以智能制造生产线智能装配系统中的电机整机组装单元为具体实施对象，对电机整机组装单元的功能进行分析及梳理，从而总结出一般智能装配系统电机整机组装应具备的功能列表，为后续智能装配系统电机整机组装工艺流程设计及硬件选型工作打下基础。

学习储备

一、步进电机简介

　　步进电机是一种专门用于位置和速度控制的特种电机，常用于定长送料、轨迹描述、点位运动、角度分割等需要精确定位的场合。步进电机能将脉冲信号直接转换成角位移或直线位移，每接收一个电脉冲，在驱动电源的作用下，步进电机转子就转过一个相应的步距角，只要控制输入电脉冲的数量、频率以及电机绕组通电相序即可获得所需的转角、转速及转向，转子角位移的大小及转速分别与输入的控制电脉冲数及频率成正比。由于步进电机的角位移是一个步距、一个步距（对应一个脉冲）移动的，因此称为步进电机。当步进电机的结构和控制方式确定后，步距角的大小为一固定值，所以可以对它进行开环控制。由于步进电机工作原理易学易用、成本低廉（相对于伺服电机），比较适合于微电脑和单片机控制，因此近年来在各行各业的控制设备中获得了越来越广泛的应用。

步进电机按构造来分有三种主要类型：反应式、永磁式、混合式。反应式：定子上有绕组，转子由软磁材料制成，其特点是结构简单、成本低、步距角小（可达1.2°），但动态性能差、效率低、发热大，可靠性难以保证。永磁式：永磁式步进电机的转子是用永磁材料制成的，转子的极数与定子的极数相同。其特点是动态性能好、输出力矩大，但精度低、步距角大（一般为7.5°或15°）。混合式：混合式步进电机综合了反应式步进电机和永磁式步进电机的优点，其定子上有多相绕组，转子采用永磁材料制成，转子和定子上均有多个小齿以提高步距精度。其特点是输出力矩大、动态性能好、步距角小，但结构复杂、成本相对较高。

步进电机按定子上绕组来分主要有二相、三相、五相等系列。其中市场份额最大、最受欢迎的是二相混合式步进电机，原因是其性价比高，配上细分驱动器后效果良好。该种电机的基本步距角为1.8°，配上半步驱动器后，步距角减少为0.9°，配上细分驱动器后其步距角可细分达1/256（0.007°）。由于摩擦力和制造精度等因素，实际控制精度略低。电机按驱动方式有整步、半步、细分三种走法。同一部电机可配不同细分的驱动器以改变精度和效果。

1. 步进电机工作过程

图6-1-1为反应式步进电动机结构简图。其定子有六个均匀分布的磁极，每两个相对磁极组成一相，即有U–U、V–V、W–W三相，磁极上缠绕励磁绕组。

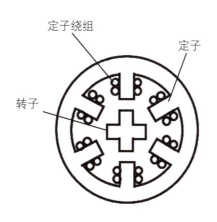

图6-1-1 反应式步进电动机结构简图

步进电动机工作过程如图6-1-2所示，假定转子具有均匀分布的4个齿，齿宽及

间距一致。故齿距为360°/4=90°，三对磁极上的齿（即齿距）亦为90°均布，但在圆周方向依次错过1/3齿距（30°）。如果先将电脉冲加到U相励磁绕组，定子U相磁极就产生磁通，并对转子产生磁吸力，使转子离U相磁极最近的两个齿与定子的U相磁极对齐，V磁极上的齿相对转子齿在逆时针方向错过了30°。W磁极上的齿将错过60°。当U相断电，再将电脉冲电流通入V相励磁绕组，在磁吸力的作用下，使转子与V相磁极靠得最近的另两个齿与定子的V相磁极对齐，由图6-1-2可以看出，转子沿着逆时针方向转过了30°。给W相通电，转子逆时针再转过30°。如此按照U—V—W—U的顺序通电，转子则沿逆时针方向一步步地转动，每步转过30°，这个角度就叫步距角。显然，单位时间内通入的电脉冲数越多，即电脉冲频率越高，电机转速越高。如果按照U—V—W—U的顺序通电，步进电动机则沿顺时针方向一步步地转动。从一相通电换到另一相通电称为一拍，每一拍转子转动一个步距角，像上述的步进电机，三相励磁绕组依次单独通电运行，换接三次完成一个通电循环，称为三相单三拍通电方式。

A相通电　　　　　B相通电　　　　　C相通电

图6-1-2　三相单三拍工作顺序

如果使两相励磁绕组同时通电，即按UV—VW—WU—UV…顺序通电，这种通电方式称为三相双三拍，其步距角仍为30°。步进电机还可以按三相单双六拍通电方式工作，即按U—UV—V—VW—W—WU…顺序通电，换接六次完成一个通电循环，这种通电方式的步距角为15°，是三相通电时的一半。步进电机的步距角越小，意味着所能达到的位置控制精度越高。

2. 步进电机的特点

根据上述工作过程，可以看出步进电机具有以下几个基本特点：

（1）步进电机受数字脉冲信号控制，输出角位移与输入脉冲数成正比，即

$$\theta=N\beta$$

式中　θ——电动机转过的角度（°）；

　　　N——控制脉冲数；

　　　β——步距角（°）。

（2）步进电机的转速与输入的脉冲频率成正比，即

$$n=\frac{\beta}{360}\times 60f=\frac{\beta f}{6}$$

式中　n——电机转速（r/min）；

　　　f——控制脉冲频率（Hz）。

（3）步进电机的步距角大小与通电方式和转子齿数有关，其大小可按下式计算

$$\beta=\frac{360}{zm}$$

式中　z——转子齿数；

　　　m——运行拍数，通常等于相数或相数的整数倍数。

（4）若步进电机通电的脉冲频率为 f（脉冲数/秒），则步进电机的转速为

$$n=\frac{60f}{zm}$$

（5）步进电机的转向可以通过改变通电顺序来改变。

（6）步进电机具有自锁能力，一旦停止输入脉冲，只要维持绕组通电，电动机就可以保持在该固定位置。

（7）步进电机工作状态不易受各种干扰因素（如电源电压的波动、电流的大小与波形的变化、温度等）影响，只要干扰未引起步进电机产生"丢步"，就不会影响其正常工作。

（8）步进电机的步距角有误差，转子转过一定步数以后也会出现累积误差，但转子转过一转以后，其累积误差为"零"，不会长期积累。

（9）易于直接与微机的I/O接口构成开环位置伺服系统。

因此，步进电机被广泛应用于开环控制结构的机电一体化系统，并能够可靠地获得较高的位置精度。

二、步进电机整机组装流程

由前述步进电机工作原理的介绍可知，步进电机包含定子（含线圈）、转子、前端盖、后端盖、波纹垫片、轴承等零部件，如图6-1-3所示。因此，在进行步进电机的整机装配时，首先需要完成转子与轴承的装配，然后进行整机装配，其大体的装配流程如下：

（1）装配前设备检查。

（2）机器人抓取转子至安装位。

（3）机器人分别装配左右轴承。

（4）安装左右定位垫片，并压紧轴承。

（5）将托盘运送至整机装配抓取位。

（6）机器人抓取转子组件至装配工位。

（7）机器人安装波纹垫片。

（8）安装前端盖。

（9）安装定子。

（10）安装后端盖。

（11）机器人抓取电机组件放回托盘。

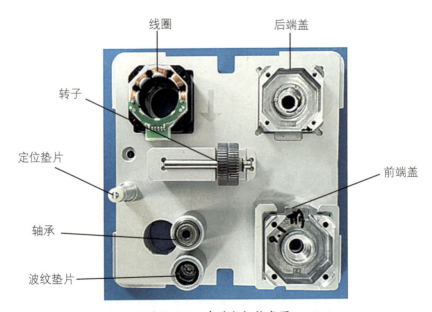

图6-1-3　步进电机构成图

任务实施

一、制订工作计划

（1）工作组织：教师组织学生分组，每小组由4~6名学生组成，选定1名组长（负责组织和分配任务），1名安全监督员（负责操作时的安全监督和记录）。

（2）接受任务：教师引导学生阅读任务单，完成任务单（表6-1-1）的填写。

表6-1-1　任务6-1工作任务单

SX-TFI4智能制造生产线电机整机组装单元功能需求分析任务单		
单号：No.　　　　　　　　开单部门：　　　　　　开单人：		
开单时间：　　　　　　　　　接单部门：		
任务描述	以智能制造生产线智能装配系统中的电机整机组装单元为具体实施对象，对电机整机组装单元的功能进行分析及梳理，从而总结出一般智能装配系统电机整机组装应具备的功能	
要求完成时间		
接单人	签名：　　　　　　时间：	

（3）工作计划表：制订详细的工作计划，并填入表6-1-2。

表6-1-2　任务6-1工作计划表

阶段	任务说明	计划工作内容	计划完成时间	责任人

二、制作功能分析表

参观智能制造生产线或观看相关视频，学习相关知识，记录参观情况，并完成功能分析表（表6-1-3）的制作。电机转子与轴承的装配单元、步进电机整机装配单元的实物分别如图6-1-4和图6-1-5所示。

表6-1-3　装配系统电机整机组装单元组成部分功能表

序号	组成部分（名称）	功能

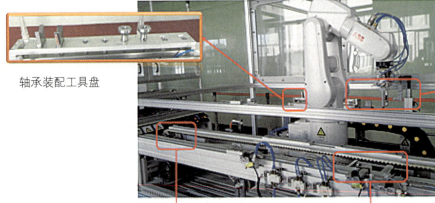

轴承装配工具盘

轴承装配工作区

计数传感器

RFID读写器

零件料盘定位机构

图6-1-4　电机转子与轴承的装配单元

图6-1-5　步进电机整机装配单元

三、工作总结

（1）采取小组会议方式讨论任务完成情况。

（2）制订工作总结提纲，完成工作总结。

任务考核

在完成本任务的学习后，严格按照表6-1-4的要求进行测评，并完成自我评价、小组评价和教师评价。

表6-1-4　任务6-1测评表

组别		组长		组员		
评价内容			分值	自我评分	小组评分	教师评分
职业素养	1. 出勤准时率		6			
	2. 学习态度		6			
	3. 承担任务量		8			
	4. 团队协作性		10			
专业能力	1. 工作准备的充分性		10			
	2. 工作计划的可行性		10			
	3. 功能分析完整、逻辑性强		15			
	4. 总结展示清晰、有新意		15			
	5. 安全文明生产及6S		20			
总计			100			
个人的工作时间			提前完成			
			准时完成			
			滞后完成			

个人认为完成得好的地方：

值得改进的地方：

小组综合评价：

组长签名：　　　　　　　　　　教师签名：

任务二 智能制造生产线装配系统电机整机组装单元的系统设计

① 通过学习电机整机组装单元运行工艺流程，掌握电机整机组装单元工艺流程的特点与关键工序。

② 能进行电机整机组装单元的系统方案设计。

③ 具备依据电机整机组装单元工艺流程进行硬件选型的能力。

任务描述

以智能制造生产线智能装配系统的电机整机组装单元为具体实施对象，分析其详细工艺流程并依据流程选择合适的硬件以达到设计要求与预期目标，为后续系统的组装、调试做必要的前期规划与准备。

学习储备

步进电机转子与轴承的装配过程

（1）将装有电机零件的料盘通过传送带送到定位机构，定位机构RFID读写器读取电机装配信息，通过PLC输出信息，机器人接收信息并选择合适的装配程序。

（2）机器人根据装配信息，将机器人夹具运送到合适的电机转子夹具放置处，并通过DO口输出信号，夹紧电机转子夹具。

（3）机器人根据装配信息，从轴承装配工具盘上选择适当"V"形盘放置在轴承装配工作区的轴承装配中心处，并通过DO口输出信号给PLC，PLC控制轴承装配中心处固定"V"形盘。

（4）机器人从电机零件料盘上抓取电机转子放置在"V"形盘上，并通过DO口输出信号给PLC，PLC控制轴承装配工作区的转子固定装置固定电机转子。

（5）机器人根据装配信息，将机器人夹具运送到合适的轴承夹具放置处，并通过DO口输出信号，夹紧电机轴承夹具。

（6）机器人从电机零件料盘上抓取轴承1，放置在轴承1装配位置。

（7）机器人从电机零件料盘上抓取轴承2，放置在轴承2装配位置。

（8）机器人根据装配信息，将机器人夹具运送到合适的垫片夹具处，并通过DO口输出信号，夹紧垫片夹具。

（9）机器人从电机零件料盘上夹起定位垫片1，安装在轴承装置中心转子短轴处。

（10）机器人从电机零件料盘上夹起定位垫片2，安装在轴承装置中心转子长轴处。

（11）机器人通过DO口输出信号给PLC，PLC控制轴承装配工作区完成轴承装配工作，完成后PLC输出装配完成信号给机器人。

（12）机器人把装配好的电机转子轴承部件搬到电机零件料盘指定位置，并通过DO口输出电机转子与轴承装配完成信号给PLC。

任务实施

一、制订工作计划

（1）工作组织：教师组织学生分组，每小组由4～6名学生组成，选定1名组长（负责组织和分配任务），1名安全监督员（负责操作时的安全监督和记录）。

（2）接受任务：教师引导学生阅读任务单，完成任务单（表6-2-1）的填写。

表6-2-1　任务6-2工作任务单

SX-TFI4智能制造生产线电机整机组装单元方案设计任务单		
单号：No._____ 　开单部门：_____ 　开单人：_____		
开单时间：_____ 　接单部门：_____		
任务描述	以智能制造生产线智能装配系统的电机整机组装单元为具体实施对象，分析其详细工艺流程并依据流程选择合适的硬件以达到设计要求与预期目标	
要求完成时间		
接单人	签名： 　　　　时间：	

（3）工作计划表：制订详细的工作计划，并填入表6-2-2。

表6-2-2　任务6-2工作计划表

阶段	任务说明	计划工作内容	计划完成时间	责任人

二、设计系统方案

根据上一任务制作的功能分析表的要求设计系统方案。

（1）任务准备：调出上一任务制作的功能分析表。

（2）根据参观结果，梳理电机整机组装详细工艺流程。具体工艺流程可参照图6-2-1、图6-2-2和图6-2-3。

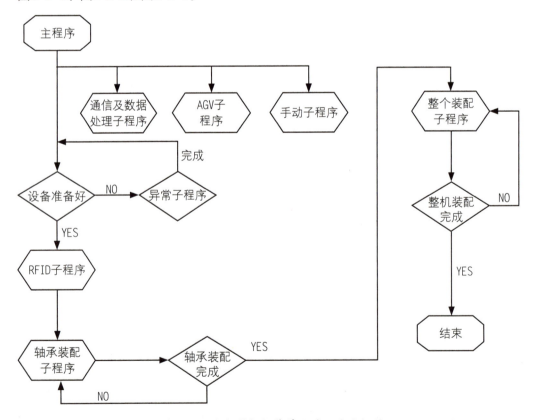

图6-2-1　电机整机组装单元总工艺流程图

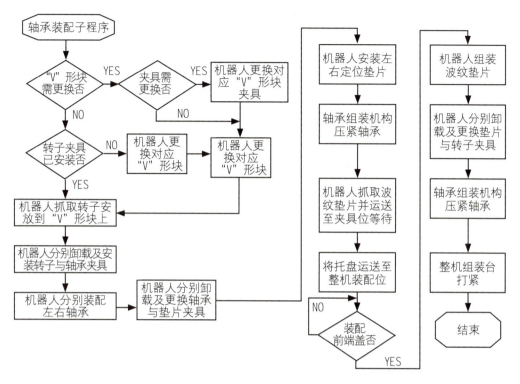

图6-2-2 转子与轴承组装的工艺流程图

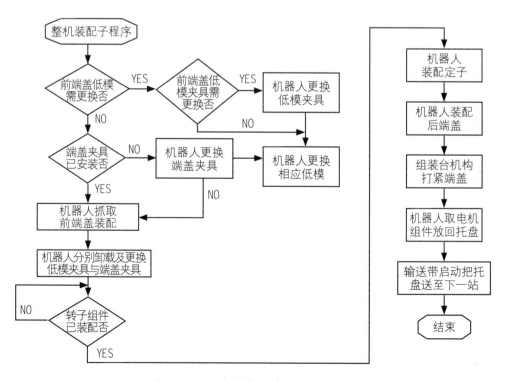

图6-2-3 电机整机组装分工艺流程图

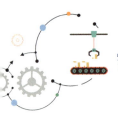

智能制造生产线的运行与维护

（3）系统构成方案设计：根据电机整机组装单元的工艺流程进行系统的构成方案设计，具体设计方案构成可参照表6-2-3。

表6-2-3　电机整机组装单元方案设计表

编号	需求设备	主要完成功能
1	1#六轴工业机器人	主要完成步进电机定子、转子、端盖、垫片的搬运及安装
2	2#六轴工业机器人	主要完成步进电机轴承的搬运及安装
3	电机转子装配装置	主要完成步进电机转子、端盖、垫片的安装
4	轴承装配装置	主要完成步进电机轴承的安装

（4）主要功能硬件选型：在系统方案设计的基础上，根据功能需求完成系统的硬件选型。各种硬件的具体选型过程均有相应的方法，SX-TFI4智能制造生产线的电机整机组装单元所采用的硬件配置如表6-2-4所示。

表6-2-4　电机整机组装单元硬件配置表

编号	设备名称	型号	用途	品牌
1	1#六轴工业机器人	ABB IRB120	主要完成步进电机定子、转子、端盖、垫片的搬运及安装	ABB
2	2#六轴工业机器人	ABB IRB120	主要完成步进电机轴承的搬运及安装	ABB
3	电机转子装配装置	三向公司自制	主要完成步进电机转子、端盖、垫片的安装	三向
4	轴承装配装置	三向公司自制	主要完成步进电机轴承的安装	三向
5	PLC	SIMATICS7-1200	完成电气程序控制	西门子

三、工作总结

（1）采取小组会议方式讨论任务完成情况。

（2）制订工作总结提纲，完成工作总结。

任务考核

在完成本任务的学习后，严格按照表6-2-5的要求进行测评，并完成自我评价、小组评价和教师评价。

表6-2-5　任务6-2测评表

组别		组长		组员			
评价内容			分值	自我评分	小组评分	教师评分	
职业素养	1. 出勤准时率		6				
	2. 学习态度		6				
	3. 承担任务量		8				
	4. 团队协作性		10				
专业能力	1. 工作准备的充分性		10				
	2. 工作计划的可行性		10				
	3. 功能分析完整、逻辑性强		15				
	4. 总结展示清晰、有新意		15				
	5. 安全文明生产及6S		20				
总计			100				
个人的工作时间			提前完成				
			准时完成				
			滞后完成				

个人认为完成得好的地方：

值得改进的地方：

小组综合评价：

组长签名：　　　　　　　　　教师签名：

智能制造生产线的运行与维护

智能制造生产线装配系统电机整机组装单元的操作与维护

学习目标

1. 掌握电机整机组装单元各硬件的基本功能与特性。
2. 掌握电机整机组装单元的操作、维护方法。
3. 能结合故障查询表，排除电机整机组装单元常见故障。

任务描述

以智能制造生产线智能装配系统中的电机整机组装单元为具体实施对象，依据装配工艺流程及硬件选型进行系统的组装与调试，最终使电机整机组装单元按预期目标稳定运行，并能结合故障查询表排除常见故障。

任务实施

一、制订工作计划

（1）工作组织：教师组织学生分组，每小组由4～6名学生组成，选定1名组长（负责组织和分配任务），1名安全监督员（负责操作时的安全监督和记录）。

（2）接受任务：教师引导学生阅读任务单，完成任务单（表6-3-1）的填写。

表6-3-1　任务6-3工作任务单

SX-TFI4智能制造生产线电机整机组装单元操作与维护任务单
单号：No.＿＿＿＿＿　　开单部门：＿＿＿＿＿　　开单人：＿＿＿＿＿
开单时间：＿＿＿＿＿＿＿＿　　接单部门：＿＿＿＿＿＿＿＿

（续表）

任务描述	以智能制造生产线智能装配系统中的电机整机组装单元为具体实施对象，依据装配工艺流程及硬件选型进行系统的组装与调试，最终使电机整机组装单元按预期目标稳定运行，并能结合故障查询表排除常见故障
要求完成时间	
接单人	签名：　　　　　　　　时间：

（3）工作计划表：制订详细的工作计划，并填入表6-3-2。

表6-3-2　任务6-3工作计划表

阶段	任务说明	计划工作内容	计划完成时间	责任人

二、系统的硬件连接、参数设置及调试

（1）根据电机整机组装单元的具体功能及硬件组成，定义PLC的I/O地址和机器人的输入、输出变量等参数，具体设置可以参照表6-3-3、表6-3-4、表6-3-5。

表6-3-3　电机整机组装单元PLC的I/O地址分配表

序号	名称	功能描述	备注
1	I0.0	伺服脉冲反馈	
2	I0.1	启动信号	
3	I0.2	停止信号	
4	I0.3	复位信号	
5	I0.4	单机/联机信号	
6	I0.5	急停信号	
7	I0.6	伺服准备好信号	
8	I0.7	伺服报警信号	
9	I1.0	伺服原点传感器	
10	I1.1	伺服左限位传感器	
11	I1.2	伺服右限位传感器	
12	I1.3	轴承装配输送带托盘入口传感器	
13	I1.4	轴承装配输送带定位传感器	
14	I1.5	定位气缸回位传感器	

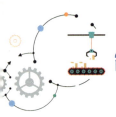

（续表）

序号	名称	功能描述	备注
15	I2.0	轴承前挡板气缸回位传感器	
16	I2.1	轴承压入气缸回位传感器	
17	I2.2	"V"形块固定气缸夹紧传感器	
18	I2.4	"V"形块固定气缸松开传感器	
19	I2.5	轴承台旋转气缸松开传感器	
20	I2.6	轴承台旋转气缸夹紧传感器	
21	I2.7	轴承夹具气缸松开传感器	
22	I3.0	轴承夹具气缸夹紧传感器	
23	I4.0	35#"V"形套传感器	
24	I4.1	42#"V"形套传感器	
25	I4.3	整机装配输送带物流入口定位传感器	
26	I4.4	整机装配输送带物流出口传感器	
27	I4.5	装配输送带定位气缸伸出传感器	
28	I4.6	装配输送带定位气缸回位传感器	
29	I4.7	转子夹紧气缸夹紧	
30	I5.0	转子夹紧气缸松开	
31	I5.1	打紧气缸回位传感器	
32	I5.2	打紧气缸伸出传感器	
33	I5.3	整机装配夹具松开	
34	I5.4	整机装配夹具夹紧	
35	I5.6	35#端盖低模传感器	
36	I5.7	42#端盖低模传感器	
37	I6.2	轴承夹具座传感器	
38	I6.3	垫片夹具座传感器	
39	I6.4	转子"V"形块夹具座传感器	
40	I6.6	端盖定子夹具座传感器	
41	I6.7	端盖低模夹具座传感器	
42	I7.0	轴承装配输送带后挡板气缸回位传感器	
43	I7.1	整机装配输送带挡板气缸回位传感器	
44	I7.2	轴承装配输送带前挡板回位传感器	
45	Q0.0	伺服脉冲输出	
46	Q0.1	伺服方向控制	
47	Q0.2	伺服使能	
48	Q0.3	伺服复位	
49	Q0.4	轴承装配输送带启动	

（续表）

序号	名称	功能描述	备注
50	Q0.5	整机装配输送带启动	
51	Q0.6	伺服STO	
52	Q0.7	急停	
53	Q2.0	轴承装配输送带定位气缸电磁阀	
54	Q2.1	轴承压入气缸电磁阀	
55	Q2.2	"V"形套紧固气缸电磁阀	
56	Q2.3	轴承台旋转气缸电磁阀	
57	Q2.4	轴承装配夹具气缸电磁阀	
58	Q2.5	轴承装配夹具锁紧电磁阀	
59	Q2.6	装配输送定位气缸电磁阀	
60	Q2.7	转子夹紧气缸电磁阀	
61	Q3.0	打紧气缸电磁阀	
62	Q3.1	整机装配夹具气缸电磁阀	
63	Q3.2	整机装配夹具锁紧电磁阀	
64	Q3.3	运行指示灯	
65	Q3.4	停止指示灯	
66	Q3.5	复位指示灯	
67	Q3.6	故障指示灯	
68	Q3.7	轴承装配输送带前挡板气缸电磁阀	
69	Q4.6	轴承装配输送带后挡板气缸电磁阀	
70	Q4.7	整机装配输送带挡板气缸电磁阀	

表6-3-4　轴承装配机器人系统输入/输出配置表

机器人变量地址名称	功能	对应PLC地址	类型	注释
Di08Estop_Rest	Reset Emergency Stop	Q665.0	系统输入	急停复位
Di09Error_Rest	Reset Execution error	Q665.1	系统输入	报警状态复位
Di10StartAt_Main	Start at Main	Q665.2	系统输入	主程序启动
Di11Motor_On	Motor On	Q665.3	系统输入	电动机上电
Di12Start	Start	Q665.4	系统输入	程序启动
Di13Stop	Stop	Q665.5	系统输入	程序停止
Di14E_Stop	E_Stop	Q665.6	系统输入	急停
Do08E_Stop	Emergency Stop	I669.0	系统输出	急停状态输出
Do09Auto_On	Auto On	I669.1	系统输出	自动状态输出
Do10Error	Execution error	I669.2	系统输出	报警状态输出

表6-3-5　轴承装配机器人输入/输出变量配置表

机器人变量名称	机器人变量占用地址	对应PLC地址	类型	注释
in64	0~7	QB664	输入	接收PLC工作流程变量
inOpen	16	Q666.0	输入	夹具松开传感器信号反馈
inClose	17	Q666.1	输入	夹具夹紧传感器信号反馈
inSZQG	18	Q666.2	输入	轴承台旋转气缸松开反馈
inZCTQG	19	Q666.3	输入	轴承台"V"形块固定气缸松开反馈
inSFVGongZuoWei	20	Q666.4	输入	伺服定位到达"V"形块工作位反馈
inSFZhuZhuangwei	21	Q666.5	输入	伺服定位到达组装工作位反馈
inSFJiaJuWei	22	Q666.6	输入	伺服定位到夹具更换工作位反馈
inZJZuZhuangTOpen	23	Q666.7	输入	整机装配台松开反馈
inZJZuZhuangTClose	24	Q667.0	输入	整机装配台夹紧反馈
inZQDuanGaiWC	25	Q667.1	输入	整机装配安装前端盖完成反馈
inZJGongZhong	26	Q667.2	输入	整机机器人位置在安全区反馈
inVjiaJu	27	Q667.3	输入	转子"V"形块夹具座传感器反馈
inDingWeiJiaJu	28	Q667.4	输入	垫片夹具座传感器反馈
inZuChengJiaJu	29	Q667.5	输入	轴承夹具座传感器反馈
in35V	30	Q667.6	输入	35# "V"形块座传感器反馈
in42V	31	Q667.7	输入	42# "V"形块座传感器反馈
out68	0~7	IB668	输出	反馈工作流程变量

（续表）

机器人变量名称	机器人变量占用地址	对应PLC地址	类型	注释
outDianCF	16	I670.0	输出	夹具松开，夹紧指令
outZiSuo	17	I670.1	输出	夹具自锁松开，夹紧指令
outSZQG	18	I670.2	输出	轴承台旋转气缸松开，夹紧指令
outFanHuiOpen	19	I670.3	输出	轴承台"V"形套气缸松开，夹紧指令
outHome	20	I670.4	输出	原点位置
outSFVGongZuoWei	21	I670.5	输出	"V"形块工作位位置定位指令
outSFZhuZhuangWei	22	I670.6	输出	组装工作位位置定位指令
outSFJiaJuWei	23	I670.7	输出	更换夹具工作位位置定位指令
outZJZuZhuangTClose	24	I671.0	输出	装配台夹紧转子气缸置位
outSFHuiYuanDiang	25	I671.1	输出	回原点
outDongZuoFA	26	I671.2	输出	完成装配转子动作反馈

（2）在编写机器人程序时，建议将每个子功能单独写成一个子程序。在主程序运行时，如果需要相应的子功能，直接调用子程序即可。轴承装配机器人在编写时可以参考表6-3-6中给出的子程序。

表6-3-6 轴承装配机器人子程序表

子程序名称	注释	子程序名称	注释
zZhuanZiJiaJu	安装转子，"V"形块夹具	DingWeiDP_Rig	装配35A电机右定位垫片
zZhuChengJiaJu	安装轴承夹具	DingWeiDP_Rig35B	装配35B电机右定位垫片
zDingWeiJiaJu	安装垫片夹具	DingWeiDP_Left42A	装配42A电机左定位垫片
sZhuanZiJiaJu	卸载转子，"V"形块夹具	DingWeiDP_Left42B	装配42B电机左定位垫片

（续表）

子程序名称	注释	子程序名称	注释
sZhuChengJiaJu	卸载轴承型夹具	ZhuCheng_Left	装配35系列电机左轴承
sDingWeiJiaJu	卸载垫片夹具	ZhuCheng_Rig	装配35系列电机右轴承
z35V	安装35系列电机"V"形块	ZhuCheng_42Left	装配42系列电机左轴承
z42V	安装42系列电机"V"形块	ZhuCheng_42Rig	装配42系列电机右轴承
s35V	卸载35系列电机"V"形块	BoWenDP	装配35系列电机波纹垫片
s42V	卸载42系列电机"V"形块	BoWenDP42	装配42系列电机波纹垫片
ZhuanZi	装配转子	ZhuanZiZuJian	装配35系列电机转子组件
DingWeiDP_Left35A	装配35A电机左定位垫片	ZhuanZiZuJian42	装配42系列电机转子组件
DingWeiDP_Left35B	装配35B电机左定位垫片		

（3）整机装配机器人的变量设置如表6-3-7和表6-3-8所示，整机装配机器人程序可以参考表6-3-9中给出的子程序。

表6-3-7　整机装配机器人系统输入/输出配置表

机器人变量地址名称	功能	对应PLC地址	类型	注释
Di08Estop_Rest	Reset Emergency Stop	Q801.0	系统输入	急停复位
Di09Error_Rest	Reset Execution error	Q801.1	系统输入	报警状态复位
Di10StartAt_Main	Start at Main	Q801.2	系统输入	主程序启动
Di11Motor_On	Motor On	Q801.3	系统输入	电动机上电
Di12Start	Start	Q801.4	系统输入	程序启动
Di13Stop	Stop	Q801.5	系统输入	程序停止
Di14E_Stop	E_Stop	Q801.6	系统输入	急停
Do08E_Stop	Emergency Stop	I801.0	系统输出	急停状态输出
Do09Auto_On	Auto On	I801.1	系统输出	自动状态输出
Do10Error	Execution error	I801.2	系统输出	报警状态输出

表6-3-8　整机装配机器人输入/输出变量配置表

机器人变量名称	机器人变量占用地址	对应PLC地址	类型	注释
in202	0~7	QB800	输入	接收PLC工作流程变量
inOpen	16	Q802.0	输入	夹具松开传感器信号反馈
inClose	17	Q802.1	输入	夹具夹紧传感器信号反馈
inZuZhuangTopen	18	Q802.2	输入	整机装配台加紧气缸松开反馈
inDaJinHuiQG	19	Q802.3	输入	整机装配台打紧气缸回位反馈
inDGDiMoJiaJu	20	Q802.4	输入	低模夹具座传感器反馈
inQDuanGaiJiaJu	21	Q802.5	输入	端盖定子夹具座传感器反馈
in35DiMo	22	Q802.6	输入	35#低模座传感器反馈
in42DiMo	23	Q802.7	输入	42#低模座传感器反馈
out202	0~7	IB800	输出	反馈工作流程变量
outDianCF	16	i802.0	输出	夹具松开，夹紧指令
outZiSuo	17	i802.1	输出	夹具自锁松开，夹紧指令
outmHome	18	i802.2	输出	在原点位置反馈
outDaJinHuiQG	19	i802.3	输出	整机装配台打紧气缸复位指令
outDaJinDaQG	20	i802.4	输出	整机装配台打紧气缸置位指令

表6-3-9　整机装配机器人子程序表

子程序名称	注释	子程序名称	注释
zDGMoJuJiaJu	安装端盖低模夹具	QianDuanGai42	装配42系列电机前端盖
zDuanGaiJiaJu	安装端盖夹具	DingZi	装配35系列电机定子
sDGMoJuJiaJu	卸载端盖低模夹具	DingZi42	装配42系列电机定子
sDuanGaiJiaJu	卸载端盖夹具	HouDuanGai35A	装配35A电机后端盖
z35DGDiMo	安装35系列电机端盖低模	HouDuanGai35B	装配35B电机后端盖
z42DGDiMo	安装42系列电机端盖低模	HouDuanGai42A	装配42A电机后端盖
s35DGDiMo	卸载35系列电机端盖低模	HouDuanGai42B	装配42B电机后端盖
s42DGDiMo	卸载42系列电机端盖低模	CPDianJi	取组装完成35系列成品电机放于托盘上
QianDuanGai	装配35系列电机前端盖	CPDianJi42	取组装完成42系列成品电机放于托盘上

（4）结合所选元件的I/O定义，绘制电机整机组装单元控制原理图，如图6-3-1所示。

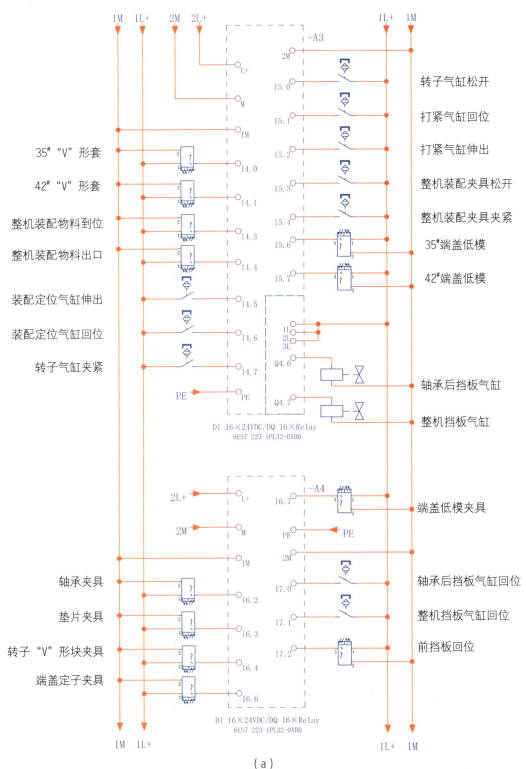

（a）

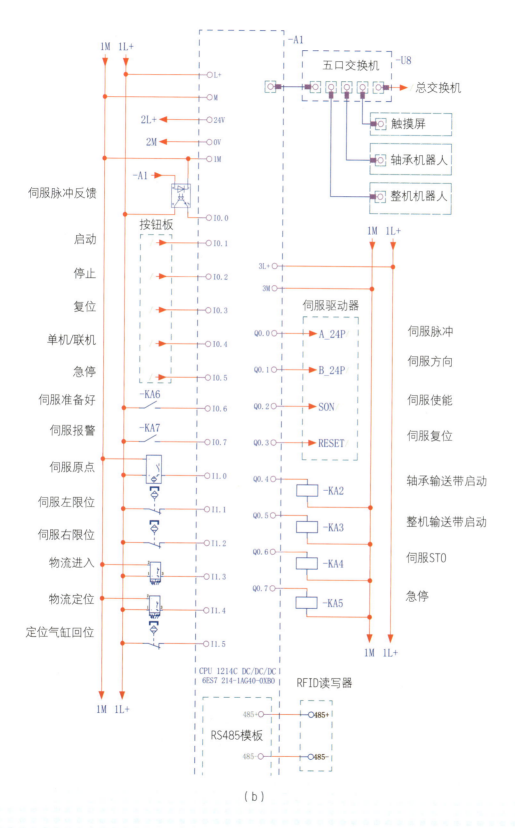

（b）

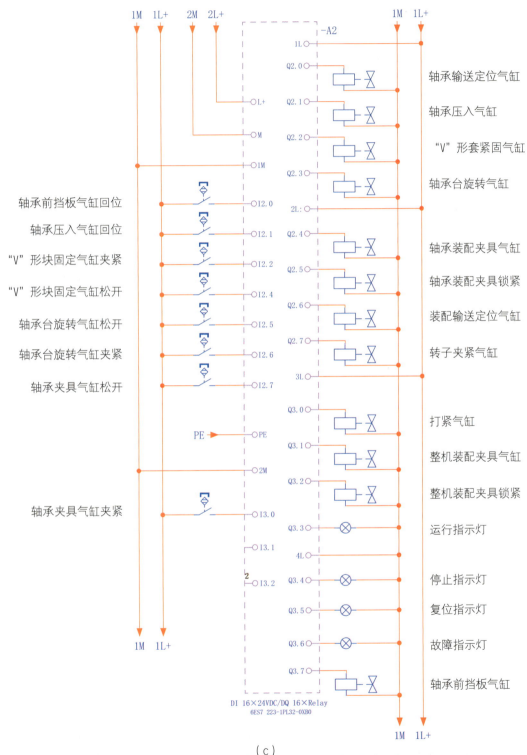

（c）

图6-3-1 电机整机组装单元控制原理图

（5）根据图6-3-1所示的控制原理图，完成电气元件的连接，连接好的实物如图6-3-2所示。

图6-3-2　电机整机组装单元电气连接实物图

（6）开机及注意事项。

打开总电源，打开气压阀，按下"开"按钮，设备上电，机器人上电自检。如果机器人不在原点（轴承装配机器人原点位"p80"坐标点，整机装配机器人原点位"mHome"坐标点），示教仪提示"please move robot to home in manual mode"，这时需要把机器人控制器"自动/手动"钥匙开关打到"手动"模式，手动操控机器人回到所设定的原点后，再把控制器打到"自动"模式。在各机器人已回原点且在单机状态下，然后长按"复位"按钮，轴承机器人导轨伺服电机转动，带动轴承机器人本体回归到导轨原点，伺服电机停止转动，此时松开"复位"按钮，复位完成。

1）开机前请注意以下事项：

①确保输送带上物料已清走，各装配位没有遗留装配配件及异物。

②确保机器人夹具已经卸载，并确保各夹具正确放置于对应的夹具座上。

③确保各"V"形套分别已正确放置于对应的"V"形套座上。

④确保各端盖底模分别已正确放置于对应的底模座上。

⑤确保气压供给正常。

2）智能装配系统电机整机组装单元运行操作方法：

①开机前准备工作：正确放置好需装配的配件托盘，对应托盘需事先写好电机类型。

②手动运行操作方法：在主操作界面按下"自动"按钮，按钮变成"手动"，并调出维护调试界面，如图6-3-3所示，根据需要调试维护界面所示选项。

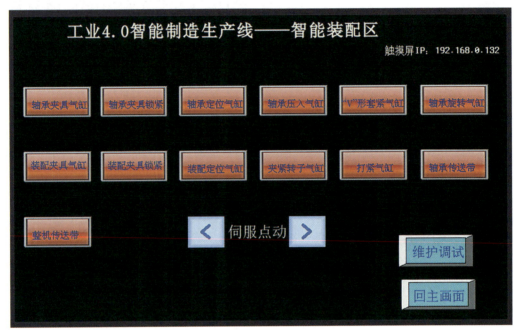

图6-3-3　整机装配台面维护调试界面

③单机自动运行方法：

a. 复位成功后按下"单机"按钮，单机指示灯点亮，按"启动"按钮，运行指示灯亮，设备开始运行。

b. 把准备好的托盘按正确方向放置于输送带入口处（严禁直接把托盘放置于入口传感器后面），输送带传送托盘经过入口传感器并自动计数。

c. 输送带把托盘传送至定位位置，输送带停止转动，设备自动读取电机类型，机器人开始装配。

d. 完成轴承装配和整机装配后输送带将电机输送至整机输送出口，电机装配工序完成。

e. 设备在单机运行过程中出现异常时，可根据需要随时按下"停止"或"急停"按钮，具体操作方法请参阅"整机装配设备运行过程中出现异常时的操作"。

④联机自动运行操作方法：

a．复位成功后按下"联机"按钮，联机指示灯点亮，设备进入联机状态。

b．在联机状态下设备的启动权受控于总控制中心，当设备出现异常报警后启动权自动交给本站。

c．设备在联机运行过程中出现异常时，可根据需要随时按下"停止"或"急停"按钮，具体操作方法请参阅"整机装配设备运行过程中出现异常时的操作"。

（7）整机装配设备运行过程中出现异常时的操作。

1）在装配过程中"停止"或"急停"按钮的使用及注意事项：

①在装配过程中，按"停止"按钮，设备暂停运作，待处理好需处理的故障（比如装配异常时，需暂停手工纠正或手动操作机器人）后，按"启动"按钮，设备接着暂停前的工序继续工作。

②在设备出现报警时，设备自动暂停，待处理完报警后，按"启动"按钮，设备接着报警前的工序继续工作。

③如果是在轴承装配机器人导轨伺服正在转动情况下按下"停止"按钮（尽量避免在该情况下按停止键），则需长按"复位"按钮直到轴承机器人回到导轨原点后，再按"启动"按钮，机器人导轨伺服根据暂停前的工序重新定位，设备接着暂停前的工序继续工作。

④在装配过程中，出现危急安全事故时，请按"急停"按钮，设备完全停止。然后需手动清空各装配位及输送带上的配件，使各夹具、模具复位，并手动控制机器人回到原点，再长按"复位"键复位。重新按照"自动运行操作方法"开始操作。

2）当设备在完成某装配工序后，处于一直等待状态没有继续下一工序动作时的操作：

①在这种状况下注意按下"停止"按钮再做进一步检查，严禁没有按下"停止"按钮就进行设备检查。

②在这种情况下一般为某一条件没有满足而使设备没有进行下一工序装配，请调出"轴承装配台面信号状态"与"整机装配台面信号状态"的操作界面，并结合待装配工序应满足条件的信号进行检查，如图6-3-4和图6-3-5所示。

智能制造生产线的运行与维护

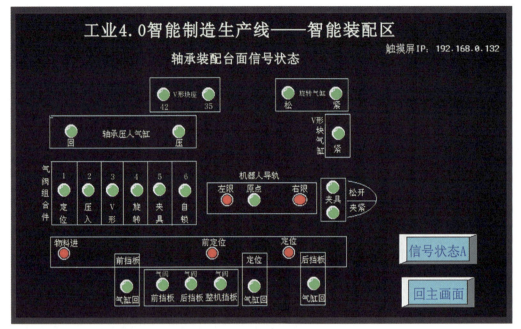

图6-3-4　轴承装配台面信号状态

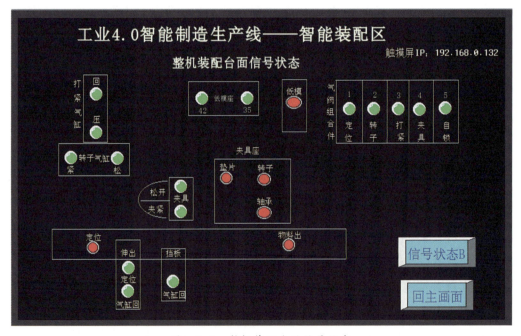

图6-3-5　整机装配台面信号状态

3）在装配过程中设备出现报警时的处理：

①当设备出现报警时，红色灯闪烁，触摸屏界面出现报警，警示设备暂停运作。连续按"主画面"按钮，调出报警界面。排除故障后按相应"复位"按钮复位，红色

灯停止闪烁。按"启动"按钮，设备接着报警前的工序继续工作，如图6-3-6所示。

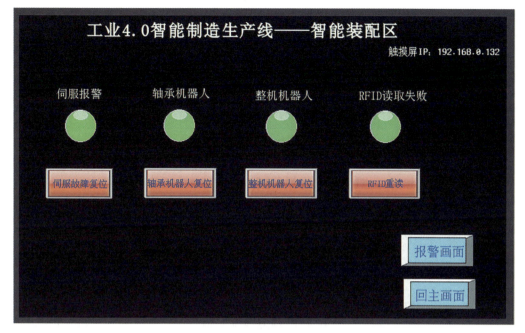

图6-3-6 整机装配台面报警状态

②伺服出现报警时请参考伺服说明书相应故障处理。处理完成后按"伺服故障复位"按钮，然后按"启动"按钮，设备接着报警前的工序继续工作。

③机器人出现报警时，如果是因为装配异常引起机器人本体过载，需手动操作机器人排除故障。（手动操作机器人时需注意机器人手臂移动幅度不能超越报警前坐标位极限，应尽量接近上一坐标点，否则按"启动"按钮后机器人会发出其他报警）处理完成后，按"轴承机器人复位"或"整机机器人复位"键，然后按"启动"按钮，设备接着报警前的工序继续工作。

④RFID读取失败报警时，请按"RFID重读"键，当读取成功后，报警灯停止闪烁，按"启动"按钮，设备接着报警前的工序继续工作，否则请查阅故障表作相应处理。

三、整机组装单元日常维护与常见故障处理

（1）日常维护方法。

1）定期检查输送皮带和各装配工位是否有异响、松动情况。

2）定期检查机器人底座及移动导轨是否有松动状况。

3）定期检查各传感器接线是否松动，各检测位对位是否正确等。

（2）常见故障排除方法。

处理故障注意事项及过程请参阅"整机装配设备运行过程中出现异常时的操作"并结合表6-3-10进行处理。

表6-3-10　电机整机组装单元故障查询表

代码	故障现象	故障原因	解决方法
Er3001	定位气缸不动作	定位传感器异常	调整传感器或更换
		气缸极限位丢失	调整气缸极限位位置
		PLC无输出信号	检查PLC及线路
Er3002	输送皮带不动作	不满足转动条件	检查程序及相应条件
		线路故障	检查线路排除故障
		电气元件损坏	更换
		机械卡死或电机损坏	调整结构或更换电机
Er3002	机器人报警	不在原点报警	手动操作机器人回到原点
		过载报警	排除引起过载原因
		其他报警代码出现	参阅机器人相关手册
Er3004	伺服报警	三相电缺失	检查三相电线路
		显示报警代码	根据代码含义检查相应项目
Er3005	RFID读取失败	干扰或相关元件损坏	按重读按钮或更换相关元件
Er3006	设备在完成某装配工序后，处于一直等待状态没有继续下一工序动作	某一条件信号没有满足	调出"轴承装配台面信号状态"与"整机装配台面信号状态"的操作界面，并结合待装配工序应满足条件的信号进行检查

四、工作总结

（1）采取小组会议方式讨论任务完成情况。

（2）制订工作总结提纲，完成工作总结。

任务考核

在完成本任务的学习后，严格按照表6-3-11的要求进行测评，并完成自我评价、小组评价和教师评价。

表6-3-11　任务6-3测评表

组别		组长		组员		
评价内容			分值	自我评分	小组评分	教师评分
职业素养	1．出勤准时率		6			
	2．学习态度		6			
	3．承担任务量		8			
	4．团队协作性		10			
专业能力	1．工作准备的充分性		10			
	2．工作计划的可行性		10			
	3．功能分析完整、逻辑性强		15			
	4．总结展示清晰、有新意		15			
	5．安全文明生产及6S		20			
总计			100			
个人的工作时间			提前完成			
			准时完成			
			滞后完成			

个人认为完成得好的地方：

值得改进的地方：

小组综合评价：

组长签名：　　　　　　教师签名：

智能制造生产线装配系统拧螺丝单元的功能需求分析

1. 能对智能拧螺丝单元进行功能需求分析。
2. 掌握拧螺丝单元应具备的基本要素和功能。

任务描述

以智能制造生产线装配系统中的拧螺丝单元为具体实施对象，对智能拧螺丝单元的功能进行分析及梳理，从而总结出一般拧螺丝单元应具备的功能列表，为后续拧螺丝单元工艺流程设计及硬件选型工作打下基础。

一、SCARA工业机器人

SCARA（Selective Compliance Assembly Robot Arm），是一种应用于装配作业的机器人手臂。SCARA机器人有3个旋转关节，其轴线相互平行，可在平面内进行定位和定向，其主要结构如图6-4-1所示。另外还有一个移动关节，用于完成末端件在垂直于平面方向上的运动。这类机器人的结构轻便、响应快，比一般关节式机器人快数倍。它最适用于平面定位及以垂直方向进行装配的作业。

SCARA系统在X轴、Y轴方向上具有顺从性，而在Z轴方向具有良好的刚度，此特性特别适合于装配工作，例如将一个圆头针插入一个圆孔，故SCARA系统大量用于装配印刷电路板和电子零部件。SCARA的另一个特点是其串接的两杆结构，类似人的手臂，可以伸进有限空间中作业然后收回，适用于搬动和取放物件，如集成电

图6-4-1 台达DRS40L型SCARA工业机器人

路板等。如今SCARA机器人还广泛应用于塑料工业、汽车工业、电子产品工业、药品工业和食品工业等领域。它的主要职能是搬取零件和装配。它的第一个轴和第二个轴具有转动特性，第三个轴和第四个轴可以根据不同的工作需要，制造出多种不同的形态，并且一个具有转动的特性，另一个具有线性移动的特性。由于其具有特定的形状，工作范围类似于一个扇形区域。

近几年来，3C、新能源等新兴行业的快速发展，特别是在电子制造等轻小型快速消费品制造领域对机器人的精度、速度均有所要求，使得SCARA机器人销量持续上升。但SCARA机器人在国内销售市场中的外资占比仍超过70%，常见的SCARA机器人品牌有爱普生、发那科、三菱、雅马哈、欧姆龙、东芝、台达等。

本系统采用的是台达DRS40L型SCARA工业机器人。台达集团创立于1971年，为全球提供电源管理与散热解决方案。近年来，台达集团不断发展，业务范畴扩大到电源及元器件、自动化及基础设施等多个领域。2015年1月，台达桃园研发中心发布自有品牌SCARA工业机器人，开启了智能自动化的新局面。台达SCARA工业机器人适合应用于消费性电子产品、电子电机、橡塑料、包装、金属制品等产业，可结合外围控制单元，快速简易地打造机器人工作站，在产线上进行插件、锁螺丝、组装、涂胶、移载、焊锡、搬运、包装等重要工作，甚至完成复杂而精密的产线制程。台达SCARA工业机器人DRS40L系列最大负载3 kg，臂长400 mm，适合应用于

重复性高、精度要求高的轻工业。DRS40L系列具备优越的速度、重复精度、线性度和垂直度，并提供免感知顺应控制功能，可顺应组件与孔位间的偏差，快速精准地完成插件、组装、锁螺丝、移载、搬运、包装等工作。DRS40L系列同时也提供加工轨迹自动规划功能，适用于追踪同步进行中的应用，如涂胶、去毛边、焊锡等制程。另外，搭配机器视觉检测系统，可快速辨识瑕疵品并进行分类，大幅提高出厂质量。

二、智能拧螺丝单元概述

　　智能拧螺丝单元如图6-4-2所示。电机整机装配完成后，经由传送带输送，并由机械手放至拧螺丝工作位。智能拧螺丝单元根据不同的电机类型，选择与之相对应的拧螺丝程序，对步进电机进行拧螺丝工作。拧螺丝后的产品将通过传送带输送至视觉系统进行外观检测，以区分合格品与不良品。合格品流入下一道工序，不良品则被分拣出来，呼叫AGV将之输送到不良品仓库中。

图6-4-2　智能拧螺丝单元

　　智能拧螺丝单元主要由螺丝供应机构、台达SCARA机器人、传动系统和视觉检测系统四部分组成。螺丝供应机构能够根据PLC输出信号把不同类型的螺丝从自动螺丝供应机构送至抓取机构。台达SCARA机器人用来执行拧螺丝操作。传动系统包括传送带和机械手，传送带用来完成产品的运输任务，机械手用来将电机抓取至工作位。视觉检测系统则完成对电机外观进行检测的任务，如图6-4-3所示。

图6-4-3　视觉检测系统

 任务实施

一、制订工作计划

（1）工作组织：教师组织学生分组，每小组由4~6名学生组成，选定1名组长（负责组织和分配任务），1名安全监督员（负责操作时的安全监督和记录）。

（2）接受任务：教师引导学生阅读任务单，完成任务单（表6-4-1）的填写。

表6-4-1　任务6-4工作任务单

SX-TFI4智能制造生产线智能拧螺丝单元功能需求分析任务单		
单号：No.　　　　　　开单部门：　　　　　　开单人：		
开单时间：　　　　　　　　　接单部门：		
任务描述	以智能制造生产线装配系统中的拧螺丝单元为具体实施对象，对智能拧螺丝单元的功能进行分析及梳理，从而总结出一般拧螺丝单元应具备的功能	
要求完成时间		
接单人	签名：　　　　　　时间：	

（3）工作计划表：制订详细的工作计划，并填入表6-4-2。

表6-4-2　任务6-4工作计划表

阶段	任务说明	计划工作内容	计划完成时间	责任人

二、智能拧螺丝单元构成及功能

参观智能制造生产线或观看相关视频，记录参观情况，分析该单元的构成和功能并填入表6-4-3。

表6-4-3　智能拧螺丝单元组成部分功能表

序号	组成部分（名称）	功能

三、工作总结

（1）采取小组会议方式讨论任务完成情况。

（2）制订工作总结提纲，完成工作总结。

任务考核

在完成本任务的学习后，严格按照表6-4-4的要求进行测评，并完成自我评价、小组评价和教师评价。

表6-4-4　任务6-4测评表

组别		组长		组员			
评价内容			分值	自我评分	小组评分	教师评分
职业素养	1. 出勤准时率		6			
	2. 学习态度		6			
	3. 承担任务量		8			
	4. 团队协作性		10			
专业能力	1. 工作准备的充分性		10			
	2. 工作计划的可行性		10			
	3. 功能分析完整、逻辑性强		15			
	4. 总结展示清晰、有新意		15			
	5. 安全文明生产及6S		20			
总计			100			
个人的工作时间			提前完成			
			准时完成			
			滞后完成			

个人认为完成得好的地方：

值得改进的地方：

小组综合评价：

组长签名：　　　　　　　　教师签名：

任务五　智能制造生产线装配系统拧螺丝单元的系统设计

学习目标

① 掌握智能拧螺丝单元工艺流程的特点与关键工序。

② 了解智能拧螺丝单元的设计方法和步骤。

③ 能结合生产实际，进行拧螺丝单元系统方案设计及硬件选型。

任务描述

以智能制造生产线装配系统的拧螺丝单元为具体实施对象，分析其详细的工艺流程并依据流程选择合适的硬件以达到设计要求与预期目标，为后续系统的组装、调试做前期规划与准备。

学习储备

当传感器检测到电机整机到达拧螺丝工作位后，拧螺丝机器人依次拧紧电机上的4个螺丝（图6-5-1为拧螺丝前，图6-5-2为拧螺丝后）。由图中变化可知，此步骤中共有4个螺丝需要拧紧。拧螺丝步骤完成后，还需要通过视觉检测系统对装配好的电机进行外观检测以区分合格品和不合格品。

步进电机拧螺丝单元的工作过程可以描述如下：

（1）传感器检测料盘到位后将到位信号传递到PLC。

（2）PLC输出信号到定位机构固定料盘，搬运机构搬运电机至拧螺丝平台，同时通过视觉检测系统判断电机的型号并将信号输出至PLC。

（3）PLC根据以上的反馈，按照电机的类型输送对应型号的螺丝，并进行拧螺

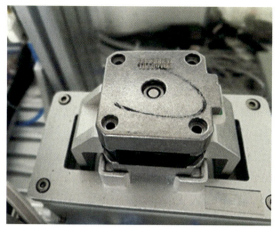
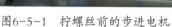
图6-5-1　拧螺丝前的步进电机

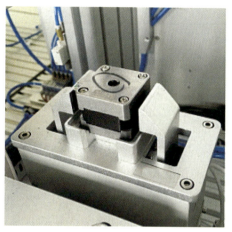
图6-5-2　拧螺丝后的步进电机

丝操作。

（4）拧螺丝机器人工作完成后，输出信号给PLC，搬运机构将电机从拧螺丝平台送回料盘。

（5）传送带带动料盘前进，到达检测系统工位时，传感器检测料盘到位的信号并输送至PLC。

（6）PLC输出信号到抓取机构，抓取机构抓起电机进行视觉检测。

（7）通过视觉检测，将产品是否合格的信号输入PLC进行处理，合格则送到充磁区，不合格则送到废品区。

（8）不合格产品通过PLC的反馈，在推料机构中计数传感器检测料盘到位，推料底盘升高，推杆把料盘推往废品传送带。

（9）在废品区发出的信号传输给AGV，AGV将废品运走。

一、制订工作计划

（1）工作组织：教师组织学生分组，每小组由4～6名学生组成，选定1名组长（负责组织和分配任务），1名安全监督员（负责操作时的安全监督和记录）。

（2）接受任务：教师引导学生阅读任务单，完成任务单（表6-5-1）的填写。

表6-5-1　任务6-5工作任务单

SX-TFI4智能制造生产线智能装配系统拧螺丝单元方案设计任务单	
单号：No. 　　　　　开单部门：_____　　开单人：_____ 开单时间：_____　　　　接单部门：_____	
任务描述	以智能制造生产线智能装配系统的拧螺丝单元为具体实施对象，分析其详细工艺流程并依据流程选择合适的硬件以达到设计要求与预期目标
要求完成时间	
接单人	签名：　　　　　时间：

（3）工作计划表：制订详细的工作计划，并填入表6-5-2。

表6-5-2　任务6-5工作计划表

阶段	任务说明	计划工作内容	计划完成时间	责任人

二、设计系统方案

根据上一任务制作的功能分析表的要求设计系统方案。

（1）任务准备：调出上一任务制作的功能分析表。

（2）根据参观结果，梳理智能装配系统拧螺丝单元的详细工艺流程。具体工艺流程可参照图6-5-3。

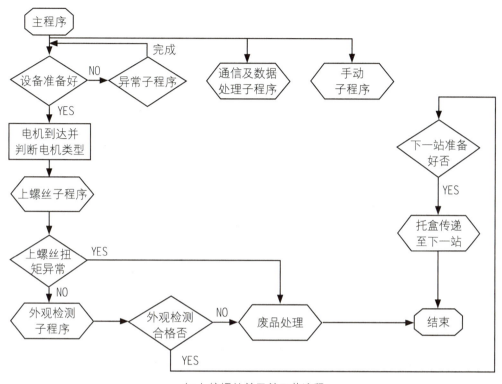

（a）拧螺丝单元总工艺流程

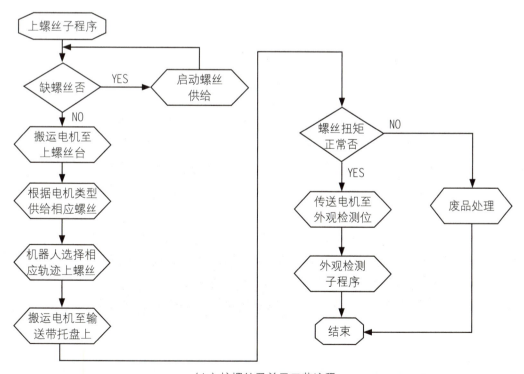

（b）拧螺丝子单元工艺流程

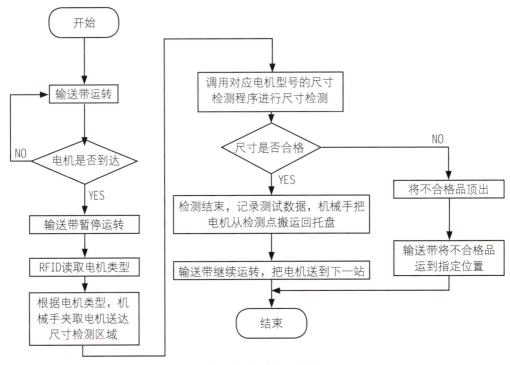

（c）外形检测子单元工艺流程

图6-5-3　步进电机拧螺丝单元工艺流程图

（3）系统构成方案设计：根据拧螺丝单元的工艺流程进行系统的构成方案设计。具体设计方案构成可参照表6-5-3。

表6-5-3　拧螺丝单元方案设计表

编号	需求设备	主要完成功能
1	螺丝批	步进电机端盖螺丝的拧紧
2	台达SCARA工业机器人	步进电机端盖螺丝的抓取
3	自动螺丝供应机构	步进电机端盖螺丝的储备及供应
4	传动系统	将合格步进电机送到智能检测区，不合格步进电机分拣出来
5	视觉检测系统	外观合格和不良品的检测

（4）主要功能硬件选型：在系统方案设计的基础上，根据功能需求完成系统的硬件选型。各种硬件的具体选型过程均有相应的方法，SX-TFI4智能制造生产线的拧螺丝单元所采用的硬件配置如表6-5-4所示。

表6-5-4　智能拧螺丝单元硬件配置表

编号	设备名称	型号	用途	品牌
1	台达SCARA工业机器人	DRS40L	主要完成步进电机端盖螺丝的抓取	台达
2	自动螺丝供应机构	三向公司自制	主要完成步进电机端盖螺丝的储备及供应	三向
3	PLC	S7-1200	完成电气程序控制	西门子
4	输送带系统	61K120GU-CF	传送步进电机到工作位	ZD Motor
5	RFID	LWR-1204 485	电机型号识别	NBDE
6	固定气缸	TN10X20S	托盘定位与紧固	AirTAC
7	电机抓手与气缸	MHF2-802	步进电机抓取	SMC
8	DMV视觉检测系统	DMV1000	外形检测与判定	台达
9	产品顶出气缸	CY3RG10-250	尺寸不合格品顶出	SMC

三、工作总结

（1）采取小组会议方式讨论任务完成情况。

（2）制订工作总结提纲，完成工作总结。

任务考核

在完成本任务的学习后，严格按照表6-5-5的要求进行测评，并完成自我评价、小组评价和教师评价。

表6-5-5　任务6-5测评表

组别		组长		组员		
评价内容			分值	自我评分	小组评分	
职业素养	1. 出勤准时率		6			
	2. 学习态度		6			
	3. 承担任务量		8			
	4. 团队协作性		10			

（续表）

组别		组长		组员				
评价内容				分值	自我评分	小组评分		
专业能力	1.工作准备的充分性			10				
	2.工作计划的可行性			10				
	3.功能分析完整、逻辑性强			15				
	4.总结展示清晰、有新意			15				
	5.安全文明生产及6S			20				
总计				100				
个人的工作时间				提前完成				
				准时完成				
				滞后完成				

个人认为完成得好的地方：
_____

值得改进的地方：
_____

小组综合评价：
_____

组长签名：　　　　　　　　教师签名：

任务六　智能制造生产线装配系统拧螺丝单元的操作与维护

学习目标

1. 掌握智能拧螺丝单元各硬件的基本功能与特性。
2. 掌握智能拧螺丝单元的操作、维护方法。
3. 能结合故障查询表，排除拧螺丝单元常见故障。

 任务描述

　　以智能制造生产线拧螺丝单元为具体实施对象，依据装配工艺流程及硬件选型进行系统的组装与调试，最终使智能拧螺丝单元按预期目标稳定运行，并能结合故障查询表排除常见故障。

 **任务实施**

一、制订工作计划

　　（1）工作组织：教师组织学生分组，每小组由4～6名学生组成，选定1名组长（负责组织和分配任务），1名安全监督员（负责操作时的安全监督和记录）。

　　（2）接受任务：教师引导学生阅读任务单，完成任务单（表6-6-1）的填写。

表6-6-1　任务6-6工作任务单

SX-TFI4智能制造生产线拧螺丝单元的维护与操作任务单
单号：No.＿＿＿＿＿＿　　开单部门：＿＿＿＿＿　　开单人：＿＿＿＿＿
开单时间：＿＿＿＿＿＿＿＿　　接单部门：＿＿＿＿＿＿＿＿

智能制造生产线的运行与维护

（续表）

任务描述	以智能制造生产线装配系统中的拧螺丝单元为具体实施对象，依据装配工艺流程及硬件选型进行系统的组装与调试，最终使智能拧螺丝单元按预期目标稳定运行，并能结合故障查询表排除常见故障
要求完成时间	
接单人	签名：　　　　　　时间：

（3）工作计划表：制订详细的工作计划，并填入表6-6-2。

表6-6-2　任务6-6工作计划表

阶段	任务说明	计划工作内容	计划完成时间	责任人

二、系统的硬件连接、参数设置及调试

（1）根据拧螺丝单元的工艺流程分配的PLC的I/O地址及功能如表6-6-3所示。

表6-6-3　拧螺丝单元的PLC的I/O地址分配表

序号	名称	功能描述
1	I0.1	设备启动
2	I0.2	设备停止
3	I0.3	设备复位
4	I0.4	单机/联机
5	I0.5	设备急停
6	I0.6	输送带螺丝位电机搬运位定位传感器
7	I0.7	输送带视觉位定位传感器
8	I1.0	输送带废品位定位传感器
9	I1.1	废品出口位传感器
10	I1.2	1#螺丝槽轨螺丝检测传感器
11	I1.3	2#螺丝槽轨螺丝检测传感器
12	I1.4	3#螺丝槽轨螺丝检测传感器
13	I1.5	4#螺丝槽轨螺丝检测传感器
14	I3.2	吹气密封气缸回位传感器
15	I3.3	输送带螺丝位电机搬运定位气缸伸出传感器
16	I3.4	输送带螺丝位电机搬运定位气缸缩回传感器

（续表）

序号	名称	功能描述
17	I3.5	电机搬运支架左移传感器
18	I3.6	电机搬运支架右移传感器
19	I3.7	电机搬运抓手上升传感器
20	I4.0	电机搬运抓手下降传感器
21	I4.1	电机搬运抓手松开传感器
22	I4.2	电机搬运抓手抓紧传感器
23	I4.3	拧螺丝台夹具松开传感器
24	I4.4	拧螺丝台夹具夹紧传感器
25	I4.5	视觉位定位伸出传感器
26	I4.6	视觉位定位回位传感器
27	I4.7	视觉位抓手夹紧传感器
28	I5.0	视觉位抓手抓松传感器
29	I5.1	视觉位上升传感器
30	I5.2	视觉位下降传感器
31	I5.3	视觉位左旋转传感器
32	I5.4	视觉位右旋转传感器
33	I5.5	废品顶料上升传感器
34	I5.6	废品顶料下降传感器
35	I5.7	废品推料气缸推出传感器
36	I6.0	废品推料气缸回位传感器
37	I6.1	1#螺丝槽箱气缸顶传感器
38	I6.2	2#螺丝槽箱气缸顶传感器
39	I6.3	3#螺丝槽箱气缸顶传感器
40	I6.4	4#螺丝槽箱气缸顶传感器
41	I6.7	吹料密封气缸伸出传感器
42	I7.0	1#螺丝位供给传感器
43	I7.1	2#螺丝位供给传感器
44	I7.2	3#螺丝位供给传感器
45	I7.3	4#螺丝位供给传感器
46	I7.6	视觉输出结果信号
47	I7.7	视觉取像完成信号
48	I9.0	上螺丝动作结束信号
49	I9.1	上螺丝动作中信号
50	I9.2	错误反馈信号
51	I9.3	螺丝批错误代码反馈信号

（续表）

序号	名称	功能描述
52	I9.4	
53	I9.5	螺丝批错误代码反馈信号
54	I9.6	
55	I10.0	X轴机器人回原点完成
56	I10.1	X轴机器人报警
57	I10.2	Y轴机器人回原点完成
58	I10.3	Y轴机器人报警
59	I10.4	Z轴机器人回原点完成
60	I10.5	Z轴机器人报警
61	I10.6	上螺丝锁附气缸上限
62	I10.7	上螺丝气缸下降浮锁感应器
63	I11.0	废料口挡板上升传感器
64	Q0.0	X轴机器人输入脉冲
65	Q0.1	X轴机器人运动方向控制
66	Q0.2	Y轴机器人输入脉冲
67	Q0.3	Y轴机器人运动方向控制
68	Q0.4	输送带启动
69	Q0.5	废品输送带启动
70	Q0.6	电机搬运水平移动
71	Q0.7	电机搬运升降
72	Q1.0	电机搬运抓手
73	Q1.1	螺丝台夹具
74	Q2.0	Z轴机器人输入脉冲
75	Q2.1	Z轴机器人运动方向控制
76	Q3.0	电机搬运定位气缸
77	Q3.1	视觉位抓手升降
78	Q3.2	视觉位抓手
79	Q3.3	视觉位旋转气缸
80	Q3.4	废品上升气缸
81	Q3.5	废品推料气缸
82	Q3.6	1#螺丝槽箱分拣气缸
83	Q3.7	2#螺丝槽箱分拣气缸
84	Q4.0	3#螺丝槽箱分拣气缸
85	Q4.1	4#螺丝槽箱分拣气缸
86	Q4.4	螺丝位供给密封气缸

（续表）

序号	名称	功能描述
87	Q4.5	螺丝位供给吹气
88	Q4.6	1#螺丝位供给气缸
89	Q4.7	2#螺丝位供给气缸
90	Q5.0	3#螺丝位供给气缸
91	Q5.1	4#螺丝位供给气缸
92	Q5.4	运行指示灯
93	Q5.5	停止指示灯
94	Q5.6	复位指示灯
95	Q5.7	视觉菜单转换使能
96	Q6.0	打螺丝气缸
97	Q6.1	视觉检测TRIG1
98	Q6.2	视觉菜单组合
99	Q6.3	
100	Q6.4	
101	Q6.5	
102	Q6.7	视觉位气缸定位
103	Q9.0	上螺丝扭力组合菜单
104	Q9.1	
105	Q9.2	
106	Q9.3	
107	Q9.4	控制螺丝批锁紧螺丝动作
108	Q9.5	控制螺丝批松开螺丝动作
109	Q9.6	控制螺丝批旋转
110	Q10.0	X轴机器人使能
111	Q10.1	X轴机器人回原点
112	Q10.2	X轴机器人报警复位
113	Q10.3	Y轴机器人使能
114	Q10.4	Y轴机器人回原点
115	Q10.5	Y轴机器人报警复位
116	Q10.6	Z轴机器人使能
117	Q10.7	Z轴机器人回原点
118	Q11.0	Z轴机器人报警复位
119	Q11.1	废料口挡板

（2）结合所选元件的I/O定义，绘制拧螺丝单元控制原理图，如图6-6-1所示。

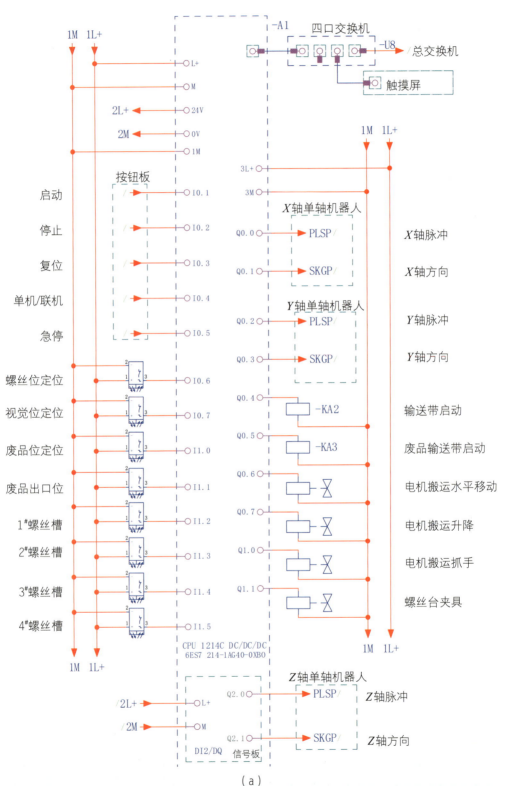

（a）

（b）

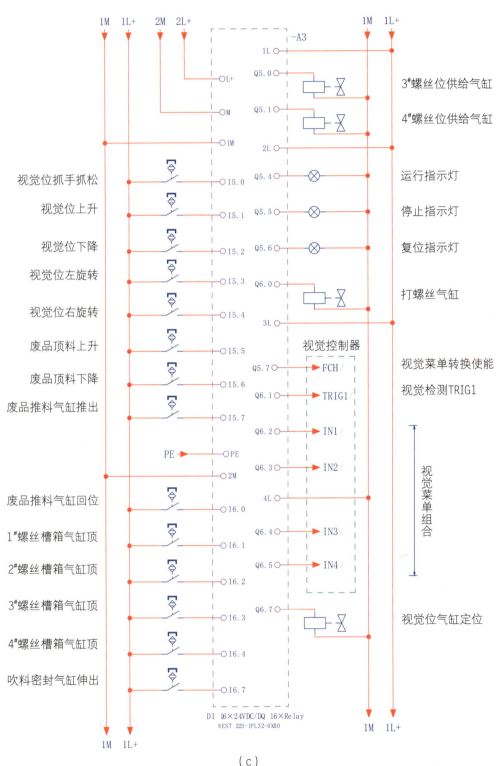

（c）

图6-6-1 拧螺丝单元控制原理图

（3）完成电气元件的连接，连接好的实物如图6-6-2所示。

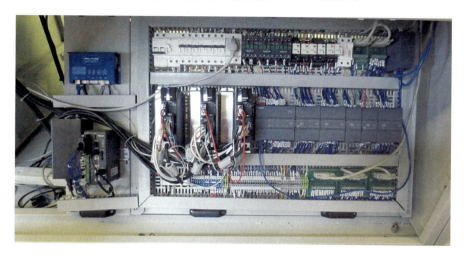

图6-6-2　拧螺丝单元电气连接实物图

（4）开机前检查事项。

1）观察机构上各元件外表是否有明显移位、松动或损坏等现象，输送带、装配工位是否有异物或配件，如果存在以上现象，及时调整、紧固或更换元件，清走异物或配件。

2）对照接线图检查桌面和挂板接线是否正确，检查24 V电源，电气元件电源线等线路是否有短路、断路现象，特别需检查PLC各24 V输入、输出信号是否对220 V短路。

3）接通气路，打开气源，手动按电磁阀，确认各气缸及传感器的原始状态。

4）确保输送带上物料已清走，螺丝台没有遗留装配配件及异物。

5）确保螺丝供给正常，螺丝放置正确。

6）确保气压供给正常。

（5）拧螺丝单元运行操作方法。

1）开机前准备工作：把要上螺丝的电机准备好，并正确放置于对应的托盘上。

2）拧螺丝单元的操作界面如图6-6-3所示。单机自动运行方法如下：

①打开总电源，打开气压阀，按下"开"按钮，设备上电，黄色指示灯闪烁。

②按下"单机"按钮，单机指示灯点亮，按下"复位"按钮，设备复位，复位指示灯常亮。

③复位成功后按"启动"按钮，启动指示灯亮，复位指示灯灭，设备开始运

行，各单轴机器人回归原点。

④根据所需上螺丝的电机型号在操作界面选择相应电机类型。

⑤把已放置相应电机的托盘放于输送带入口处，设备完成上螺丝、视觉检测等工序后托盘被输送至下一站，一个工作流程完成。

⑥当需要忽略扭力及外观检测结果时，请按下"正常检测"按钮，按钮变为绿色并显示"忽略不良品"字样，此时无论扭力或外观检测出任何结果都按良品处理，否则当出现不良品时，废品机构动作，把不良品推入废品输送带。

⑦在设备运行过程中随时按下"停止"按钮，停止指示灯亮并且启动指示灯灭，设备停止运行。

⑧在设备运行过程中设备出现异常状况时，可根据需要随时按下"停止"或"急停"按钮，具体操作方法请参阅下文"拧螺丝单元设备运行过程中出现异常时的操作"。

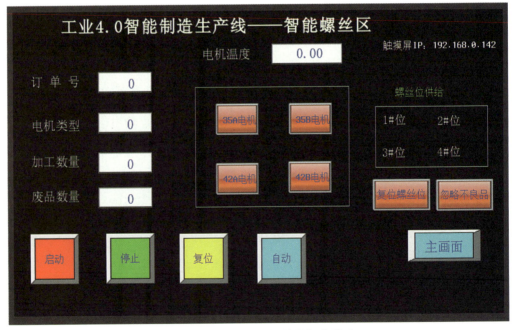

图6-6-3　拧螺丝区触摸屏操作界面

3）联机自动运行方法：

①确认通信线连接完好，在上电、复位完成状态下，按下"联机"按钮，联机指示灯亮，单机指示灯灭，进入联机状态。

②在联机状态下设备的启动权受控于总控制中心，当设备出现异常报警后启动

权自动交给本站。

③当需要忽略扭力及外观检测结果时，按下"正常检测"按钮，按钮变为绿色并显示"忽略不良品"字样，此时无论扭力或外观检测出任何结果都按良品处理，否则当出现不良品时，废品机构动作，把不良品推入废品输送带。

④在设备运行过程中设备出现异常状况时，可根据需要随时按下"停止"或"急停"按钮，具体操作方法请参阅下文"拧螺丝单元设备运行过程中出现异常时的操作"。

4）手动调试方法：在主操作界面按下"主画面"按钮，按钮变成"维护调试"状态，可调出维护调试界面，如图6-6-4所示，可根据需要调试该界面所示选项。

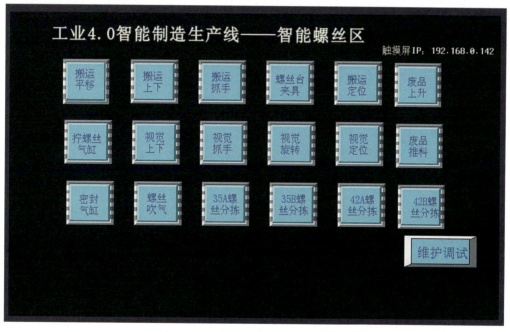

图6-6-4　拧螺丝单元维护调试界面

5）拧螺丝单元设备运行过程中出现异常时的操作：

①当设备出现报警时，红色故障灯闪烁，此时设备停止运转，请调出故障界面，如图6-6-5所示，并根据相应报警故障处理故障，修复故障后按相应复位按钮复位。

②当设备出现异常按下"停止"按钮或"急停"按钮后，需按"复位"按钮并清走输送带及螺丝台上的配件。

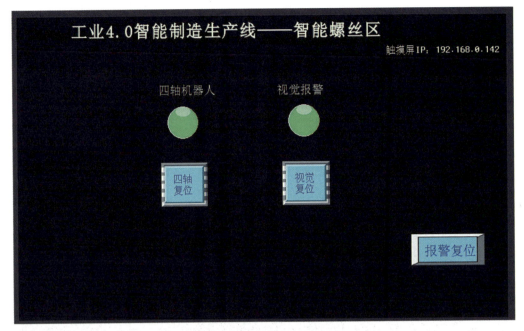

图6-6-5　拧螺丝单元故障界面

三、拧螺丝单元日常维护与常见故障处理

（1）日常维护方法：请在切断电源后，确认机器人控制器的充电指示灯熄灭后再进行检查作业，否则有可能会触电。

1）定期检查输送皮带，机器人是否有异常振动、异响、松动的情况。

2）检查机器人控制器、视觉控制器、输送带电机有无异常过热、有无异味。

3）检查机器人的动作是否与设置一致，使用场所的环境有无异常。

4）运行过程中请始终保持驱动器清洁。清洁时，请使用软布蘸取中性洗涤剂，轻轻擦拭污垢部分。

（2）常见故障排除方法：处理故障注意事项及过程请参阅"拧螺丝单元设备运行过程中出现异常时的操作"，并结合表6-6-4拧螺丝单元故障查询表进行处理。

表6-6-4　拧螺丝单元故障查询表

代码	故障现象	故障原因	解决方法
Er4001	定位气缸不动作	定位传感器异常	调整或更换传感器
		气缸极限位丢失	调整气缸极限位位置
		PLC无输出信号	检查PLC及线路

（续表）

代码	故障现象	故障原因	解决方法
Er4002	输送皮带不动作	不满足转动条件	检查程序及相应条件
		线路故障	检查线路排除故障
		电气元件损坏	更换
		机械卡死或电机损坏	调整结构或更换电机
Er4003	机器人不驱动	在单机状态下没有选择电机类型	在操作界面选择相应电机类型
		控制器输入电源故障	修复漏电断路器、电磁接触器等的故障、跳闸、误接线
		在位置控制模式下未输入脉冲列指令（指令形态设置或极性错误）	通过位置指令监控d-07
			确认指令是否已输入
			确认设置是否正确
			电子齿轮比，看不到移动迹象，调整齿轮比
			位置指令输入脉冲列速率过小，调整脉冲列速率
		驱动器发生故障（位置传感器发生故障）	进行更换或修理
Er4004	机器人报警	显示报警代码	根据代码含义检查相应项目
Er4005	机器人到达螺丝位后，没有进行拧螺丝动作	缺螺丝或相应螺丝槽轨卡死及传感器异常	补充相应螺丝，清理槽轨，调整或更换槽轨传感器
Er4006	视觉闪光灯常亮	光源控制器外控开关没有开启	把光源外控开关按下
Er4007	视觉系统没有进行拍摄动作	视觉控制器没有在运行状态	在控制手柄将视觉控制器打到运行状态
		相关控制线没有信号输入	检查相关I/O点
Er4008	拧螺丝频繁出现没有上完四颗螺丝	检查螺丝批头是否磨损	更换螺丝批头
		螺丝是否符合规格	更换符合规格的螺丝
		电机端盖是否反复利用次数过多	更换电机端盖

四、工作总结

（1）采取小组会议方式讨论任务完成情况。

（2）制订工作总结提纲，完成工作总结。

智能制造生产线的运行与维护

任务考核

在完成本任务的学习后，严格按照表6-6-5的要求进行测评，并完成自我评价、小组评价和教师评价。

表6-6-5　任务6-6测评表

组别		组长		组员		
评价内容			分值	自我评分	小组评分	教师评分
职业素养	1. 出勤准时率		6			
	2. 学习态度		6			
	3. 承担任务量		8			
	4. 团队协作性		10			
专业能力	1. 工作准备的充分性		10			
	2. 工作计划的可行性		10			
	3. 功能分析完整、逻辑性强		15			
	4. 总结展示清晰、有新意		15			
	5. 安全文明生产及6S		20			
总计			100			
个人的工作时间			提前完成			
			准时完成			
			滞后完成			

个人认为完成得好的地方：

值得改进的地方：

小组综合评价：

组长签名：　　　　　　　教师签名：

项目七
智能制造生产线检测系统的
设计与实践

项目导入

　　SX-TFI4智能制造生产线的智能检测系统可实现对步进电机产品的充磁及性能指标测试等功能。它的承接上一站为智能装配区，承接下一站为智能包装区。

　　本项目分为以下三个学习任务：

　　任务一　智能制造生产线检测系统的功能需求分析

　　任务二　智能制造生产线检测系统的系统设计

　　任务三　智能制造生产线检测系统的操作与维护

　　希望通过本项目的学习，读者能进行智能制造生产线检测系统的功能需求分析、系统设计、系统操作，并能进行基本故障排除。

任务一 智能制造生产线检测系统的功能需求分析

① 能对智能检测系统进行功能需求分析。

② 掌握智能检测系统应具备的基本要素和功能。

任务描述

以智能制造生产线智能检测系统为具体实施对象，对智能检测系统的功能进行分析及梳理，从而总结出一般智能检测系统应具备的功能列表，为后续智能检测系统工艺流程设计及硬件选型工作打下基础。

一、充磁机

混合式步进电机的转子是永磁体，那么磁铁的磁性是如何得到的呢？磁铁的磁性是由普通的铁块经过特殊处理后得到的，使铁块具有磁性的处理过程称为充磁，充磁是使磁性物质磁化或使磁性不足的磁体增加磁性的过程。因此，在混合式步进电机的生产过程中需要有充磁步骤，实现充磁的设备称为充磁机。

充磁机又叫充磁电源，其工作原理为：首先对电容器充以直流高压（即储能），然后通过一个电阻非常小的线圈（充磁夹具）放电。放电脉冲电流的峰值很高，可达数万安培。这种电流脉冲在充磁夹具内产生一个强大的磁场，该磁场可以使放置于充磁夹具中的磁性材料永久磁化。充磁机电容器工作时脉冲电流峰值极高，充磁频率也比较高，对电容器耐受冲击电流的性能要求很高。由于充磁机能够快速饱和地充磁，因此可用于各种磁性材料的充磁。充磁在很多地方均是必要的，如电动机、发电机、电声产品、电子仪表产品等，而常用的磁性材料有铁氧体、钕铁硼、铝镍钴、钐钴、塑胶磁等。

选择充磁机时，一般从以下几个方面考虑：

（1）充磁机的冷却方式：目前市面上一般有风冷、水冷和低温恒冷三种方式。

（2）大电流强力磁化：是否具有高压大电流放电设计。

（3）专用电容器的性能：电容器工作时脉冲电流峰值极高，对电容器耐受冲击电流的要求极高。

（4）是否具有精确的电路控制。

（5）是否加入续流二极管防止反向电流，是否有截尾电流设计以减少充磁线圈的发热、振动和噪音。

（6）充磁效率：单机充磁时间控制在6 s以内，是否具有高精度重复性以确保产品充磁效果的一致性。

在SX-TFI4智能制造生产线中采用的充磁机为肇庆市恒毅机电科技有限公司生产的MAGB-2040-20型电磁脉冲式充磁机，它采用水循环冷却系统，高压大电流设计，最大瞬时放电电流可达30 kA。其采用的专用快速放电电容，具有控制响应速度快，充磁速度快以及高压精度高、充磁电压恒定等特点。

二、步进电机综合测试系统

在步进电机出厂前需要对其性能进行测试，测试项目包括电气强度、相间绝缘、绝缘电阻、电感差、电阻差等一系列指标，具体可参考表7-1-1。

表7-1-1　步进电机主要测试参数、偏差

测试项目	上限	下限	标准值	单位	延时（秒）
电气强度	1.0	03	0.515	mA	1.0
相间绝缘	1.0	03	0.515	mA	1.0
绝缘电阻	200	20	110	MΩ	1.0
AC电感	100	20	60	mH	0
BD电感	100	20	60	mH	0
电感差	5	0	2.5	%	0
AC电阻	100	20	60	Ω	0
BD电阻	100	20	60	Ω	0
电阻差	10	0.318	5.159	%	0

步进电机综合测试系统是一种步进电机的性能测试系统，是一种集标准工业计算机集成控制、采样和数据处理于一体的机电一体化设备。SX-TFI4采用的步进电机综合测试系统是由广州开元电子科技有限公司研制的KYCM08E3W步进电机在线测试系统。它不但能完成以上参数的测试，而且兼具测试数据自动保存，数据处理可与OFFICE软件无缝连接，自动生成统计直方图和曲线图，电气强度测试，电压自动调整，匝间测试，电压自动调整等功能。整个系统设计合理可靠、运行稳定，所有测试性能均符合行标JB/T 4270-2013中的有关要求。此系统适用于两相四线、两相六线和两相八线等类型的步进电机性能测试，对两相六线步进电机测试时间小于10秒/台。

KYCM08E3W步进电机在线测试系统界面如图7-1-1所示。此系统可添加所有产品型号到产品型号维护界面，以便于在测试不同型号时调用相应的测试参数。测试完毕后系统会自动显示测试值及判断结果，值合格为绿色，不合格则为红色，图7-1-2所示为一台步进电机的性能测试结果。在线测试系统支持对批量生产的步进电机进行优良率的统计并生成报表便于分析与报告。优良率统计报表可通过点击快捷菜单中的"图表"按钮输出，生成的分析报告如图7-1-3所示。

图7-1-1　KYCM08E3W步进电机在线测试系统界面

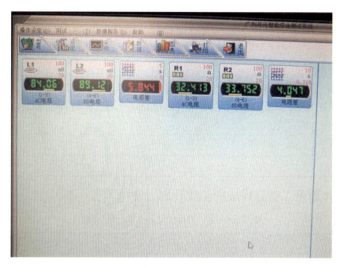

图7-1-2　步进电机性能测试结果

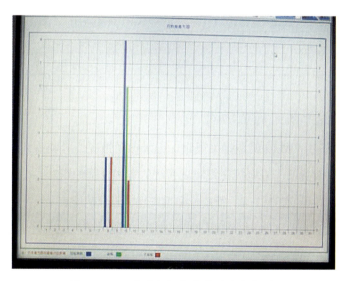

图7-1-3　步进电机优良率的分析报告

一、制订工作计划

（1）工作组织：教师组织学生分组，每小组由4~6名学生组成，选定1名组长（负责组织和分配任务），1名安全监督员（负责操作时的安全监督和记录）。

（2）接受任务：教师引导学生阅读任务单，完成任务单（表7-1-2）的填写。

表7-1-2 任务7-1工作任务单

SX–TFI4智能制造生产线智能检测系统功能需求分析任务单		
单号：No.	开单部门：	开单人：
开单时间：	接单部门：	
任务描述	以智能制造生产线智能检测系统为具体实施对象，对智能检测系统的功能进行分析及梳理，从而总结出一般智能检测系统应具备的功能列表	
要求完成时间		
接单人	签名：	时间：

（3）工作计划表：制订详细的工作计划，并填入表7-1-3。

表7-1-3 任务7-1工作计划表

阶段	任务说明	计划工作内容	计划完成时间	责任人

二、智能检测系统组成及功能

参观智能制造生产线或观看相关视频，记录参观情况，并将系统的组成及功能填入表7-1-4。充磁设备及步进电机在线测试系统的实物分别如图7-1-4、图7-1-5所示。

表7-1-4 智能检测系统组成部分功能表

序号	组成部分（名称）	功能

充磁机　　　　　　　　充磁机电柜

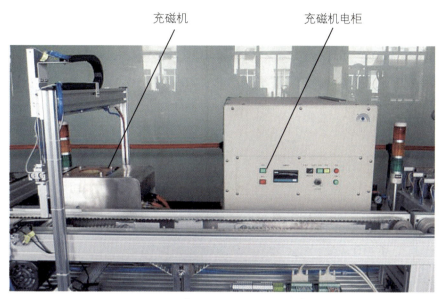

图7-1-4　智能检测系统的充磁单元

测试工位　　　　　　　在线测试系统

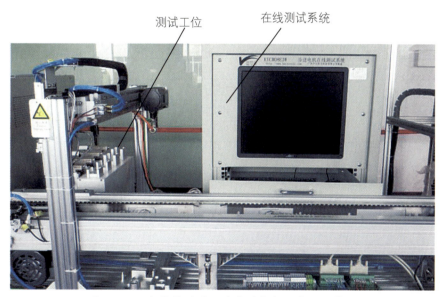

图7-1-5　智能检测系统的步进电机性能测试单元

三、工作总结

（1）采取小组会议方式讨论任务完成情况。

（2）制订工作总结提纲，完成工作总结。

任务考核

在完成本任务的学习后，严格按照表7-1-5的要求进行测评，并完成自我评价、小组评价和教师评价。

表7-1-5　任务7-1测评表

组别		组长		组员		
评价内容			分值	自我评分	小组评分	教师评分
职业素养	1. 出勤准时率		6			
	2. 学习态度		6			
	3. 承担任务量		8			
	4. 团队协作性		10			
专业能力	1. 工作准备的充分性		10			
	2. 工作计划的可行性		10			
	3. 功能分析完整、逻辑性强		15			
	4. 总结展示清晰、有新意		15			
	5. 安全文明生产及6S		20			
总计			100			
个人的工作时间			提前完成			
			准时完成			
			滞后完成			

个人认为完成得好的地方：

_____

值得改进的地方：

_____

小组综合评价：

_____

组长签名：　　　　　　　　　教师签名：

_____

智能制造生产线检测系统的系统设计

① 掌握智能检测系统工艺流程的特点与关键工序。

② 了解智能检测系统的设计方法和步骤。

③ 能结合生产实际，进行系统方案设计及硬件选型。

任务描述

以智能制造生产线的智能检测系统为具体实施对象，分析其详细工艺流程并依据流程选择合适的硬件以达到设计要求与预期目标，为后续系统的组装、调试做前期必要的规划与准备。

智能检测系统工作流程

智能检测系统工作流程可以描述如下：

（1）装有电机的料盘通过传送带到达待抓取位置，抓取机构抓取电机至充磁工位进行充磁。

（2）抓取机构将电机放回传送带。

（3）传送带带动料盘到达待抓取位置，抓取机构抓取电机至功能在线测试工作位进行测试。

（4）测试完成后，机械手将电机送回托盘。

（5）测试结束，记录测试数据，传送带带动托盘前往下一站。

一、制订工作计划

（1）工作组织：教师组织学生分组，每小组由4～6名学生组成，选定1名组长（负责组织和分配任务），1名安全监督员（负责操作时的安全监督和记录）。

（2）接受任务：教师引导学生阅读任务单，完成任务单（表7-2-1）的填写。

表7-2-1　任务7-2工作任务单

SX-TFI4智能制造设生产线智能检测系统方案设计任务单		
单号：No.＿＿＿＿＿＿　开单部门：＿＿＿＿＿＿　开单人：＿＿＿＿＿		
开单时间：＿＿＿＿＿＿＿＿　接单部门：＿＿＿＿＿＿＿＿		
任务描述	以智能制造生产线的智能检测系统为具体实施对象，分析其详细工艺流程并依据流程选择合适的硬件以达到设计要求与预期目标	
要求完成时间		
接单人	签名：　　　　　　时间：	

（3）工作计划表：制订详细的工作计划，并填入表7-2-2。

表7-2-2　任务7-2工作计划表

阶段	任务说明	计划工作内容	计划完成时间	责任人

二、设计系统方案

根据上一任务制作的功能分析表的要求设计系统方案。

（1）任务准备：调出上一任务制作的功能分析表。

（2）根据参观结果或观看视频，梳理智能检测系统的详细工艺流程。具体工艺流程可参照图7-2-1。

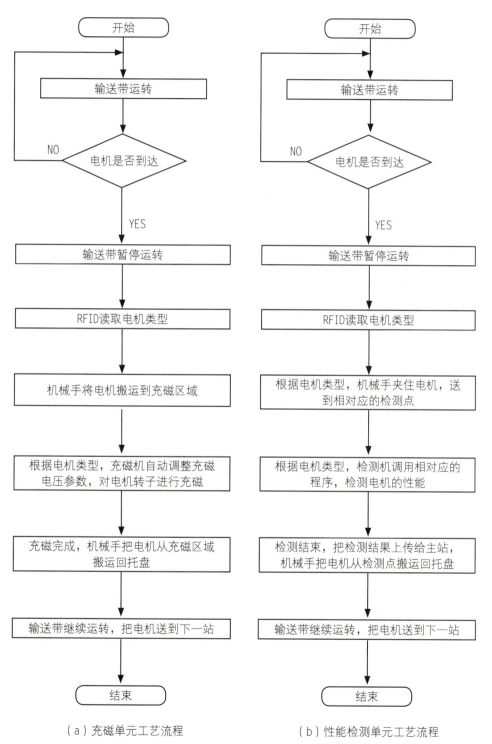

（a）充磁单元工艺流程 （b）性能检测单元工艺流程

图7-2-1 智能检测系统工艺流程图

（3）系统构成方案设计：根据智能检测系统的工艺流程进行系统构成方案设

计。方案设计时列出相应的硬件设备需求，具体设计方案构成可参照表7-2-3。

表7-2-3　智能检测系统方案设计表

编号	功能	对应硬件	涉及技术
1	上下料搬运	机械手	PLC技术、传感技术
2	电机充磁	充磁机	电磁技术
3	电机性能检测	电机性能测试仪	检测技术
4	中央总控	PLC	PLC技术

（4）主要功能硬件选型：在系统方案设计的基础上，根据功能需求完成系统的硬件选型。各种硬件的具体选型过程均有相应的方法，SX-TFI4智能制造生产线的智能检测系统所采用的硬件配置如表7-2-4所示。

表7-2-4　智能检测系统硬件配置表

编号	设备名称	型号	用途	品牌
1	输送带系统	61K120GU-CF	传送步进电机到检测位	ZD Motor
2	电机抓手与气缸	MHF2-802	步进电机抓取	SMC
3	充磁机	MAGB-2040-20	步进电机充磁	恒毅机电
4	步进电机测试工位	N/A	不同类型电机测试工位	三向
5	步进电机在线测试	KYCM08E3W	电机性能在线测试	开元电子

三、工作总结

（1）采取小组会议方式讨论任务完成情况。

（2）制订工作总结提纲，完成工作总结。

任务考核

在完成本任务的学习后，严格按照表7-2-5的要求进行测评，并完成自我评价、小组评价和教师评价。

表7-2-5　任务7-2测评表

组别		组长		组员		
评价内容			分值	自我评分	小组评分	教师评分
职业素养	1. 出勤准时率		6			
	2. 学习态度		6			
	3. 承担任务量		8			
	4. 团队协作性		10			
专业能力	1. 工作准备的充分性		10			
	2. 工作计划的可行性		10			
	3. 功能分析完整、逻辑性强		15			
	4. 总结展示清晰、有新意		15			
	5. 安全文明生产及6S		20			
总计			100			
个人的工作时间			提前完成			
			准时完成			
			滞后完成			

个人认为完成得好的地方：

值得改进的地方：

小组综合评价：

组长签名：　　　　　　　　教师签名：

 **智能制造生产线检测系统的操作与维护**

 学习目标

① 掌握智能检测系统的操作、维护方法。

② 掌握智能检测系统各硬件的基本功能与特性。

③ 能结合故障查询表，排除智能检测系统常见故障。

 任务描述

以智能制造生产线智能检测系统为具体实施对象，依据工艺流程及硬件选型进行系统的组装与调试，最终使智能检测系统按预期目标稳定运行，并能结合故障查询表排除常见故障。

 任务实施

一、制订工作计划

（1）工作组织：教师组织学生分组，每小组由4~6名学生组成，选定1名组长（负责组织和分配任务），1名安全监督员（负责操作时的安全监督和记录）。

（2）接受任务：教师引导学生阅读任务单，完成任务单（表7-3-1）的填写。

表7-3-1　任务7-3工作任务单

SX-TFI4智能制造生产线智能检测系统的操作与维护任务单		
单号：No.　　　　　开单部门：　　　　　　开单人：		
开单时间：　　　　　　　　接单部门：		
任务描述	以智能制造生产线智能检测系统为具体实施对象，依据工艺流程及硬件选型进行系统的组装与调试，最终使智能检测系统按预期目标稳定运行，并能结合故障查询表排除常见故障	

（续表）

要求完成时间			
接单人	签名：		时间：

（3）工作计划表：制订详细的工作计划，并填入表7-3-2。

表7-3-2 任务7-3工作计划表

阶段	任务说明	计划工作内容	计划完成时间	责任人

二、系统的硬件连接、参数设置及调试

（1）在进行系统的硬件连接及安装调试前，需对PLC的I/O地址进行分配。具体设置可以参照表7-3-3和表7-3-4。

表7-3-3 充磁区PLC的I/O地址分配表

序号	名称	功能描述
1	I0.1	启动信号
2	I0.2	停止信号
3	I0.3	复位信号
4	I0.4	单机/联机信号选择
5	I0.5	急停信号
6	I0.6	托盘定位
7	I0.7	托盘定位气缸伸出
8	I1.0	托盘定位气缸回位
9	I1.1	托盘出口
10	I1.2	充磁气缸左
11	I1.3	充磁气缸右
12	I1.4	充磁气缸上
13	I1.5	充磁气缸下
14	I2.0	充磁抓手气缸紧
15	I2.1	充磁抓手气缸松
16	I2.2	充磁完成
17	Q0.0	输送电机启动

（续表）

序号	名称	功能描述
18	Q0.1	冷却水泵启动
19	Q0.2	充磁使能
20	Q0.3	充磁输送定位气缸
21	Q0.4	充磁水平动气缸
22	Q0.5	充磁上下气缸
23	Q0.6	启动指示灯
24	Q0.7	停止指示灯
25	Q1.1	故障指示灯
26	Q2.0	抓手气缸
27	Q2.7	复位指示灯

表7-3-4　电机性能检测区PLC的I/O地址分配表

序号	名称	功能描述
1	I0.1	机器启动信号
2	I0.2	机器停止信号
3	I0.3	机器复位信号
4	I0.4	单机/联机信号选择
5	I0.5	机器急停信号
6	I0.6	伺服准备好信号
7	I0.7	伺服报警信号
8	I1.0	伺服原点传感器信号
9	I1.1	伺服左限位传感器信号
10	I1.2	伺服右限位传感器信号
11	I1.3	输送带方向托盘入口定位传感器信号
12	I1.4	输送带方向托盘出口检测传感器信号
13	I1.5	定位气缸伸出检测传感器信号
14	I2.0	定位气缸回位检测传感器信号
15	I2.1	搬运升降气缸上升检测传感器信号
16	I2.2	搬运升降气缸下降检测传感器信号
17	I2.3	搬运抓手夹紧检测传感器信号
18	I2.4	搬运抓手松开检测传感器信号
19	I2.5	1#测试位气缸伸出传感器信号
20	I2.6	2#测试位气缸伸出传感器信号
21	I2.7	3#测试位气缸伸出传感器信号
22	I3.0	4#测试位气缸伸出传感器信号

（续表）

序号	名称	功能描述
23	I3.3	电机测试不合格信号
24	I3.4	电机测试合格信号
25	Q0.0	伺服脉冲信号
26	Q0.1	伺服方向信号
27	Q0.2	伺服使能信号
28	Q0.3	伺服复位
29	Q0.4	输送带电机启动
30	Q0.5	伺服STO
31	Q0.6	急停
32	Q0.7	定位气缸电磁阀
33	Q1.0	搬运升降气缸电磁阀
34	Q1.1	搬运抓手气缸电磁阀
35	Q2.0	1#测试位气缸电磁阀
36	Q2.1	2#测试位气缸电磁阀
37	Q2.2	3#测试位气缸电磁阀
38	Q2.3	4#测试位气缸电磁阀
39	Q2.6	运行指示灯
40	Q2.7	停止指示灯
41	Q3.0	复位指示灯
42	Q3.2	综合测试仪启动

2. 结合所选元件与I/O定义，绘制智能检测系统接线原理图，如图7-3-1和图7-3-2所示。

智能制造生产线的运行与维护

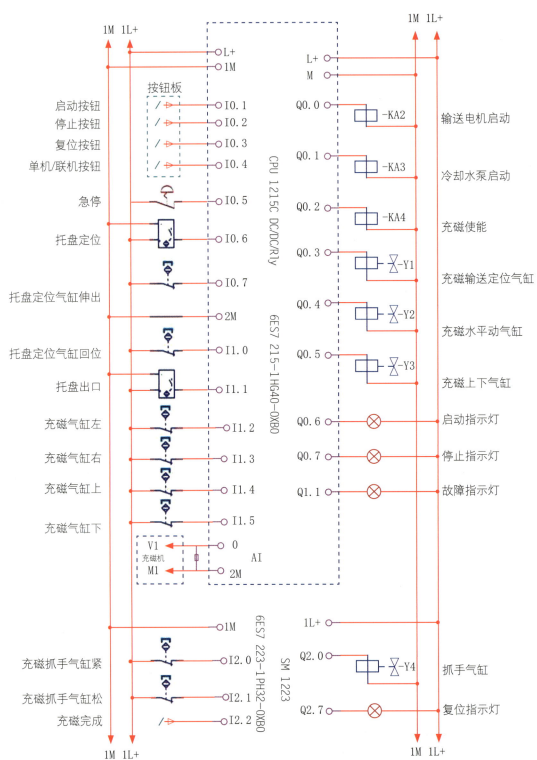

图7-3-1　充磁区接线原理图

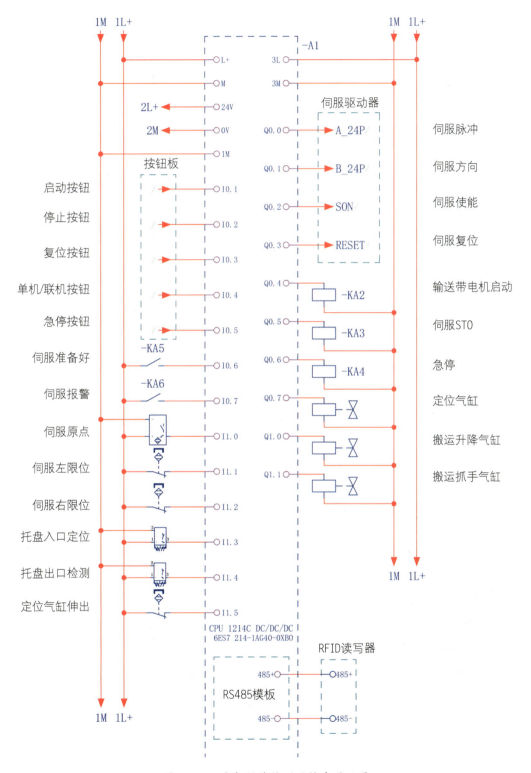

图7-3-2　电机性能检测区接线原理图

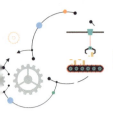

（3）根据图7-3-1和图7-3-2所示的接线原理图完成电气元件的连接，连接好的实物如图7-3-3和图7-3-4所示。

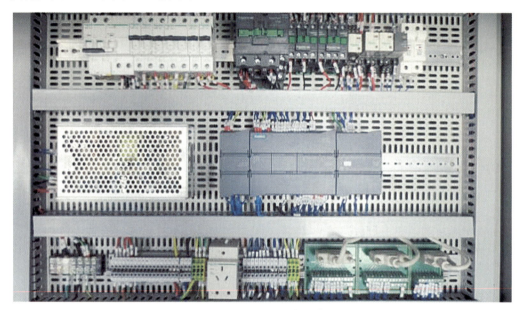

图7-3-3　充磁区硬件连接实物图

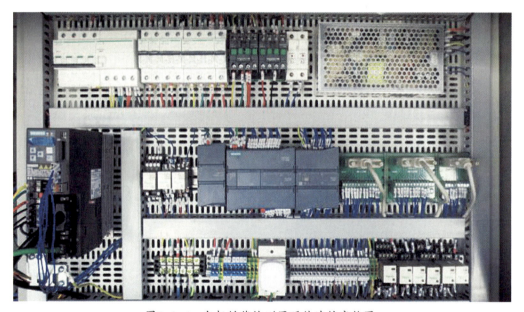

图7-3-4　电机性能检测区硬件连接实物图

（4）开机前检查事项。

1）观察机构上各元件外表是否有明显移位、松动或损坏等现象，输送带、装配工位是否有异物或配件，如果存在以上现象，及时放置、调整、紧固或更换元件，清走异物或配件。

2）对照接线图检查桌面和挂板接线是否正确，检查24 V电源，电气元件、电源线等线路是否有短路、断路现象，特别需检查PLC各24 V输入、输出信号是否对220 V短路。

3）接通气路，打开气源，手动按电磁阀，确认各气缸及传感器的原始状态。

（5）充磁区运行操作方法。

1）单机自动运行前准备工作：准备好要检测的电机并放置在对应的托盘上，对应托盘要事先写入电机类型。

2）单机自动运行操作方法：

①按下"开"按钮，设备上电，绿色指示灯亮，黄色指示灯闪烁。

②按下"单机"按钮，单机指示灯点亮，再按下"复位"按钮，设备复位，复位指示灯常亮。

③复位成功后按下"启动"按钮，启动指示灯亮，复位指示灯灭，设备开始运行。

④把已放置电机的托盘放于输送带入口处，并在操作界面上按下"上站完成"按钮，设备开始完成相应动作并给电机充磁。

⑤当完成充磁电机后，按下"下站就绪"按钮，输送带转动，把电机输送到下一站，至此一个检测工序完成。

⑥在设备运行过程中随时按下"停止"按钮，停止指示灯亮并且启动指示灯灭，设备停止运行。

⑦当设备运行过程中遇到紧急状况时，迅速按下"急停"按钮，设备停止运行。

3）联机自动运行操作方法：

①复位完成状态下，按下"联机"按钮，联机指示灯亮，单机指示灯灭，进入联机状态，如图7-3-5所示。

②在联机状态下设备的启动权受控于总控制中心，当设备出现异常报警后，启动权自动交给本站。

③在设备运行过程中设备出现异常状况时，可根据需要随时按下"停止"或"急停"按钮。

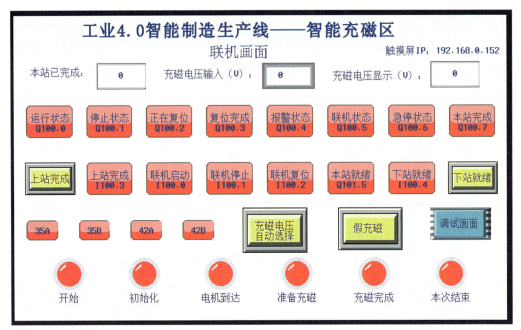

图7-3-5 智能充磁区联机画面

4）手动运行操作方法：

①按下图7-3-5中的"调试画面"按钮，进入手动调试画面，如图7-3-6所示。

②可根据需要按下"手动按钮"调试充磁区各个执行机构的运行情况。

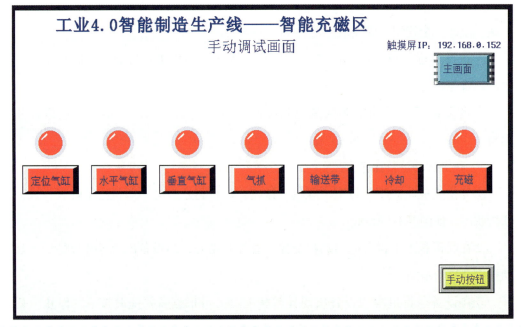

图7-3-6 智能充磁区手动调试画面

（6）性能检测区的运行操作方法。

1）单机自动运行前准备工作：准备好要检测的电机并放置在对应的托盘上，对应托盘要事先写入电机类型。

2）单机自动运行操作方法：

①按下"开"按钮，设备上电，绿色指示灯亮，黄色指示灯闪烁。

②按下"单机"按钮，单机指示灯点亮，再按下"复位"按钮，设备复位，复位指示灯常亮。

③复位成功后按下"启动"按钮，启动指示灯亮，复位指示灯灭，设备开始运行。

④把已放置电机的托盘放于输送带入口处，并在操作界面上按下"上站完成"按钮，设备开始完成相应动作并检测电机。

⑤当完成检测电机后，按下"下站就绪"按钮，输送带转动把电机输送到下一站，至此一个检测工序完成。

⑥在设备运行过程中随时按下"停止"按钮，停止指示灯亮并且启动指示灯灭，设备停止运行。

⑦当设备运行过程中遇到紧急状况时，迅速按下"急停"按钮，设备停止运行。

3）联机自动运行操作方法：

①复位完成状态下，按下"联机"按钮，联机指示灯亮，单机指示灯灭，进入联机状态，如图7-3-7所示。

②在联机状态下设备的启动权受控于总控制中心，当设备出现异常报警后，启动权自动交给本站。

③在设备运行过程中设备出现异常状况时，可根据需要随时按下"停止"或"急停"按钮。

4）手动运行操作方法：

①按下"单站画面"按钮，进入单机画面，如图7-3-8所示。

②按下"手动控制"按钮进入手动调试状态，根据需要调试检测图中所示各项目。

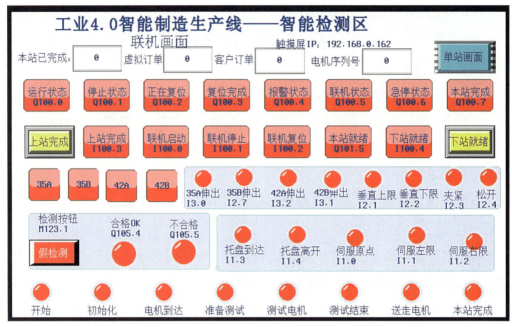

图7-3-7　电机性能检测区联机调试画面

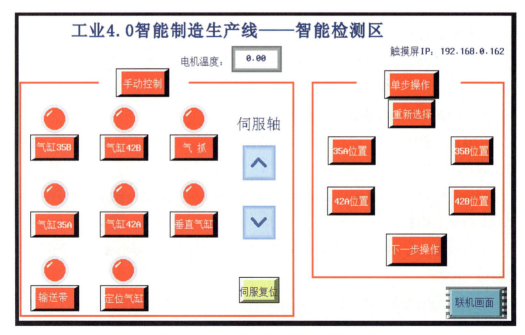

图7-3-8　电机性能检测区手动调试画面

三、智能检测系统日常维护与常见故障处理

（1）日常维护方法。

1）定期检查输送皮带，各装配工位是否有异响、松动的情况。

2）定期检查各传感器接线是否松动，各检测位对位是否正确等。

3）定期检查及校正电机综合测试仪各项检测参数。

（2）常见故障请参照表7-3-5进行处理。

表7-3-5　智能检测系统故障查询表

代码	故障现象	故障原因	解决方法
Er9001	定位气缸不动作	定位传感器异常	调整或更换传感器
		气缸极限位丢失	调整气缸极限位位置
		PLC无输出信号	检查PLC及线路
Er9002	输送皮带不动作	不满足转动条件	检查程序及相应条件
		线路故障	检查线路排除故障
		电气元件损坏	更换
		机械卡死或电机损坏	调整结构或更换电机
Er9003	充磁电机测试仪报警	无法开机	检查电源线路
Er9004	水泵电机故障	三相电缺失	检查三相电线路
		机械卡死或电机损坏	调整结构或更换电机
Er9005	充磁水平气缸不动作	气压不足	检查气路
		水平运动没有左限位到位或右限位传感器异常	检查水平运动机构及相应传感器线路
		检测位气缸前限位传感器异常	调整或更换传感器
		线路故障	检查相关线路电气元件
Er9006	充磁上下气缸不动作	气压不足	检查气路
		上下运动抓手没有下降到位或下降位传感器异常	检查上下机构及相应传感器线路
		检测位气缸前限位传感器异常	调整或更换传感器
		线路故障	检查相关线路电气元件
Er9007	充磁抓手气缸不动作	气压不足	检查气路
		搬运抓手没有下降到位或下降位传感器异常	检查搬运机构及相应传感器线路

（续表）

代码	故障现象	故障原因	解决方法
Er9007	充磁抓手气缸不动作	检测位气缸前限位传感器异常	调整或更换传感器
		线路故障	检查相关线路电气元件
Er9010	RFID读写器异常	RFID读写指示灯不亮	检查线路接触是否良好
		RFID读写触发不灵敏	检查并调整机械接近距离
		RFID损坏	更换新的读写器
Er6001	定位气缸不动作	定位传感器异常	调整或更换传感器
		气缸极限位丢失	调整气缸极限位位置
		PLC无输出信号	检查PLC及线路
Er6002	输送皮带不动作	不满足转动条件	检查程序及相应条件
		线路故障	检查线路排除故障
		电气元件损坏	更换
		机械卡死或电机损坏	调整结构或更换电机
Er6003	综合电机测试仪报警	无法开机	检查电源线路
Er6004	伺服报警	三相电缺失	检查三相电线路
		显示报警代码	根据代码含义检查相应项目
Er6005	检测区35A电机检测气缸不动作	气压不足	检查气路
		搬运抓手没有下降到位或下降位传感器异常	检查搬运机构及相应传感器线路
		检测位气缸前限位传感器异常	调整或更换传感器
		线路故障	检查相关线路电气元件
Er6006	检测区35B电机检测气缸不动作	气压不足	检查气路
		搬运抓手没有下降到位或下降位传感器异常	检查搬运机构及相应传感器线路
		检测位气缸前限位传感器异常	调整或更换传感器
		线路故障	检查相关线路电气元件
Er6007	检测区42A电机检测气缸不动作	气压不足	检查气路
		搬运抓手没有下降到位或下降位传感器异常	检查搬运机构及相应传感器线路
		检测位气缸前限位传感器异常	调整或更换传感器
		线路故障	检查相关线路电气元件

（续表）

代码	故障现象	故障原因	解决方法
Er6008	检测区42B电机检测气缸不动作	气压不足	检查气路
		搬运抓手没有下降到位或下降位传感器异常	检查搬运机构及相应传感器线路
		检测位气缸前限位传感器异常	调整或更换传感器
		线路故障	检查相关线路电气元件

四、工作总结

（1）采取小组会议方式讨论任务完成情况。

（2）制订工作总结提纲，完成工作总结。

任务考核　　　　　　　　　　　　　　　　　　　　　　　　　　－ ☐ ✕

　　在完成本任务的学习后，严格按照表7-3-6的要求进行测评，并完成自我评价、小组评价和教师评价。

表7-3-6　任务7-3测评表

组别		组长		组员		
	评价内容		分值	自我评分	小组评分	教师评分
职业素养	1．出勤准时率		6			
	2．学习态度		6			
	3．承担任务量		8			
	4．团队协作性		10			
专业能力	1．工作准备的充分性		10			
	2．工作计划的可行性		10			
	3．功能分析完整、逻辑性强		15			
	4．总结展示清晰、有新意		15			
	5．安全文明生产及6S		20			
总计			100			

（续表）

组别		组长		组员			
评价内容			分值	自我评分	小组评分	教师评分	
个人的工作时间			提前完成				
			准时完成				
			滞后完成				

个人认为完成得好的地方：

值得改进的地方：

小组综合评价：

组长签名：　　　　　　　　　教师签名：

项目八

智能制造生产线包装系统的设计与实践

项目导入

　　SX-TFI4智能制造生产线的智能包装系统由激光打标和成品包装两个部分组成，用于在步进电机性能测试完成后，激光蚀刻出产品相关编码并装入包装盒。它的承接上一站为智能检测区，承接下一站为智能成品仓库。

　　本项目分为以下三个学习任务：

　　任务一　智能制造生产线包装系统的功能需求分析

　　任务二　智能制造生产线包装系统的系统设计

　　任务三　智能制造生产线包装系统的操作与维护

　　希望通过本项目的学习，读者能对智能制造生产线包装系统的组成和功能有清晰的认识，并能完成智能制造生产线包装系统的方案设计及操作，排除系统的常见故障。

智能制造生产线包装系统的功能需求分析

① 能对智能包装系统进行功能需求分析。

② 掌握智能包装系统应具备的基本要素和功能。

任务描述

以智能制造生产线智能包装系统为具体实施对象，对智能包装系统的功能进行分析及梳理，总结出一般智能包装系统应具备的功能列表，为后续智能包装系统工艺流程设计及硬件选型工作打下基础。

学习储备

一、激光打标机

打标即在产品生产过程中，企业依据国家相关规定或企业自身管理要求，在产品上进行文字或图片标识的过程。而激光打标则是利用高能量密度的激光束对工件进行局部照射，使表层材料汽化或颜色发生变化，从而在产品表面留下永久性标记的一种打标方法。激光打标是一种非接触加工方法，可以在任何异型表面标刻，而工件不会变形，适用于金属、塑料、玻璃、陶瓷、木材、皮革等材料的标记。

在激光打标的过程中，被打标工件与激光束之间要产生相对运动，而产生这种相对运动可以有两种方式：一种是激光束固定，工件运动；另一种是工件固定，激光束运动。

前一种激光打标方式一般采用二维机械数控（或计算机控制）工作台拖动被打

标工件，工件在工作台的拖动下按照事先设计好的轨迹运动，在固定不动的激光束的烧蚀作用下，工件表面就会留下永久的痕迹，如图8-1-1所示。这种打标方式称为"工作台式"，其最大的优点是价格相对低廉，但由于受机械运动机构设计的限制，此方法打标速度慢，且很难进行精细文字及图案的打标（若要实现精细打标，价格低廉的优点将不复存在，且实现起来非常困难），更无法对照片进行打标。

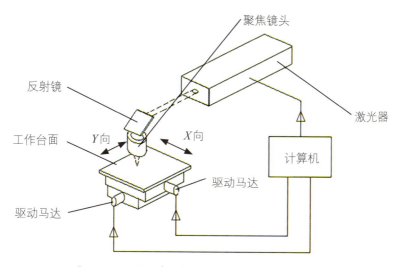

图8-1-1　"工作台式"激光打标机原理示意图

后一种激光打标方式常用的方法有两种：

一是利用两个联动的光学反射镜，使激光束发生偏折。激光器射出的激光束照在第一反射镜上，在水平方向折射90°后照射在第二反射镜上；第二反射镜使激光束向下反射，通过聚焦透镜后在工件表面聚焦，该透镜与第二反射镜是固定在一起的。第一反射镜沿激光器的轴线运动，运动时带动第二反射镜，第二反射镜沿反射后的方向运动，这两个运动受计算机控制。这两个运动的合成就是事先要求的标记图样的轨迹，如图8-1-2所示。这种打标方式称为"绘图仪式"，因为它的工作方式类似于笔式绘图仪而得名。由于在打标过程中，两个反射镜带着激光束做大范围的运动，就像激光束在飞来飞去，所以又有人称之为"飞行光学式"打标机。与"工作台式"激光打标机相比，它的运动机构更加轻巧，构造更加简单，但由于在打标过程中激光束的光程是不断变化的，最终作用在工件表面的光斑质量难以一致。这种形式的激光打标机在不降低激光光斑能量密度的情况下，打标范围容易扩大，但难以对精细图案进行打标，且打标速度较慢。

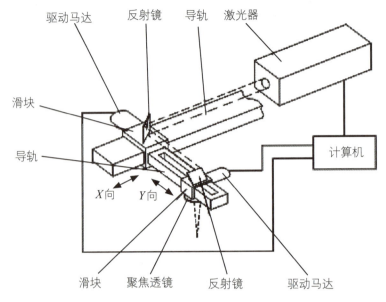

图8-1-2 "绘图仪式"激光打标机原理示意图

二是利用振镜扫描器使激光束发生偏转及运动。由激光器射出的激光束依次投射到第一、第二振镜扫描器上,它们分别使激光束在平面的X、Y两个方向上扫描。在计算机的控制下,激光束经聚焦透镜聚焦后就会在平面上扫描出所要求的图案,如图8-1-3所示。这种打标方式称为"振镜扫描式",它最大的优点是打标速度快,打标精细,可以处理各种精细文字、图案的打标,缺点是造价较高,很难扩大打标市场。采用此种方式的激光打标机是当今市场上的主流产品。

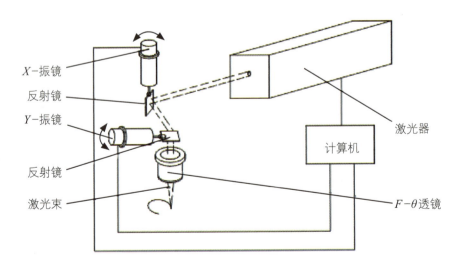

图8-1-3 "振镜扫描式"激光打标机工作原理示意图

激光打标机还可按照所选用的激光器的类型来分类，诸如CO_2（二氧化碳）激光打标机、Nd：YAG（钇铝石榴石晶体）激光打标机等等。YAG系列激光打标机属于振镜扫描式Nd：YAG打标机，它采用的是Nd： YAG激光器。该类打标机一般由激光器及电源、声光Q开关及驱动电源、振镜扫描器及驱动电源、光学系统、计算机控制系统、打标机专用D/A转换控制器、专用水循环制冷系统等组成。CO_2系列激光打标机属于振镜扫描式CO_2打标机，它采用的是射频激励CO_2激光器。该类打标机一般由激光器及电源、振镜扫描器及驱动电源、光学系统、计算机控制系统、风冷却或水循环系统等组成。

SX-TFI4智能制造生产线使用的激光打标机为广州码清激光智能设备有限公司生产的SNM267823型打标设备，其采用的激光器为Nd：YAG型。打标模块如图8-1-4所示，其打标操作步骤如下。

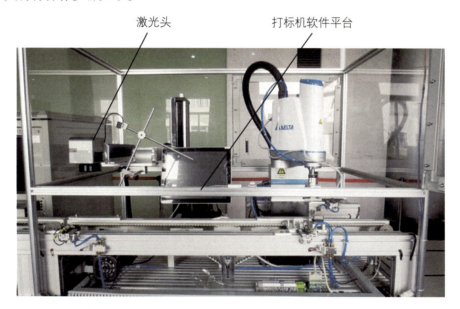

图8-1-4　智能包装系统打标模块

（1）打开显示器开关按钮、工控机开关按钮。

（2）打开软件：在桌面双击打开EzCad 2.0软件。

（3）打开文件：选择"文件"→"打开"→选中要打标的文件（文件后缀为.ezd）。

（4）工装安装：将待打标件对应工装放置在激光头正下方的台面上，并放置打标件。

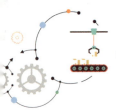

（5）对位：点击"红光"键，激光头放出红色方框射在打标件上，平移工装使方框落在待打标部位，调好后再点击"红光"键关闭红光，然后对工装进行固定。

（6）对焦：将标准样板放置在待打标处（基本等高），通过摇动手柄调节激光头高低，在标刻参数不变的情况下，激光束在样板上打出的字体最清晰，即对焦完成。

（7）试刻及参数调节：观察试刻（用不合格件或代用件以免标刻不良，造成浪费）后的标记，通过调节标刻参数使标记符合要求。

（8）打标：按F2键，打标机开始打标工作（标刻多个工件，只需重复操作此步骤）。

（9）打标完成后，退出EzCad 2.0软件，关闭工控电脑，断开电源，盖上激光器振镜防护盖板，然后清理工作台面。

需要注意的是，上述步骤为初次对一待打标件进行标刻，因此应保存图形及标刻参数在内的页面为文件，并测出激光头与打标面的高度。这样下次生产时，从计算机中调出文件，直接对好高度，即可打标。

激光打标机的打标效果如图8-1-5所示。

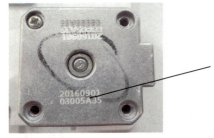

××××+××+××：生产年月日
×××××+×××：订单号+电机类型

图8-1-5　打标后的实物图

二、智能成品包装单元

智能成品包装单元是利用四轴机器人将打标完成的步进电机放入包装盒内的过程。此模块使用的四轴机器人为DRS40L型机器人，此种机器人的工作原理已在前文中进行了阐述，智能成品包装单元的组成如图8-1-6所示。

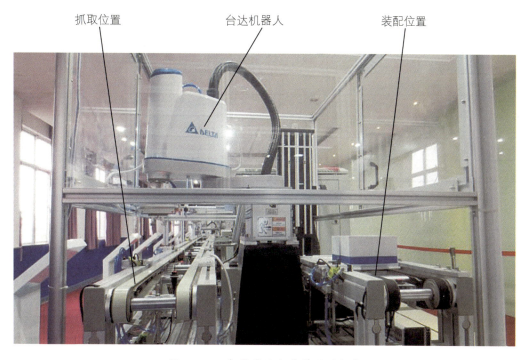

抓取位置　　　　　台达机器人　　　　　装配位置

图8-1-6　智能成品包装单元的组成

 任务实施

一、制订工作计划

（1）工作组织：教师组织学生分组，每小组由4～6名学生组成，选定1名组长（负责组织和分配任务），1名安全监督员（负责操作时的安全监督和记录）。

（2）接受任务：教师引导学生阅读任务单，完成任务单（表8-1-1）的填写。

表8-1-1　任务8-1工作任务单

SX-TFI4智能制造生产线智能包装系统功能需求分析任务单		
单号：No.　　　　　　开单部门：　　　　　　开单人：		
开单时间：　　　　　　　　　接单部门：		
任务描述	以智能制造生产线智能包装系统为具体实施对象，对智能包装系统的功能进行分析及梳理，总结出一般智能包装系统应具备的功能列表	
要求完成时间		
接单人	签名：　　　　　时间：	

智能制造生产线的运行与维护

（3）工作计划表：制订详细的工作计划，并填入表8-1-2。

表8-1-2　任务8-1工作计划表

阶段	任务说明	计划工作内容	计划完成时间	责任人

二、智能包装系统的组成和功能

参观智能制造生产线或观看相关视频，记录参观情况，并将智能包装系统的组成和功能填入表8-1-3。

表8-1-3　智能包装系统组成部分功能分析表

序号	组成部分（名称）	功能

三、工作总结

（1）采取小组会议方式讨论任务完成情况。

（2）制订工作总结提纲，完成工作总结。

任务考核

在完成本任务的学习后，严格按照表8-1-4的要求进行测评，并完成自我评价、小组评价和教师评价。

表8-1-4 任务8-1测评表

组别		组长		组员		
评价内容			分值	自我评分	小组评分	教师评分
职业素养	1. 出勤准时率		6			
	2. 学习态度		6			
	3. 承担任务量		8			
	4. 团队协作性		10			
专业能力	1. 工作准备的充分性		10			
	2. 工作计划的可行性		10			
	3. 功能分析完整、逻辑性强		15			
	4. 总结展示清晰、有新意		15			
	5. 安全文明生产及6S		20			
总计			100			
个人的工作时间			提前完成			
			准时完成			
			滞后完成			

个人认为完成得好的地方：

_____

值得改进的地方：

_____

小组综合评价：

_____

组长签名： 教师签名：

任务二 智能制造生产线包装系统的系统设计

学习目标

① 掌握智能包装系统工艺流程的特点与关键工序。

② 了解智能包装系统的设计方法和步骤。

③ 能结合生产实际进行系统方案设计及硬件选型。

任务描述

以智能制造生产线智能包装系统为具体实施对象，分析其详细工艺流程并依据流程选择合适的硬件以达到设计要求与预期目标，为后续系统的组装、调试做必要的规划与准备。

学习储备

激光打标机的选型与参数配置

由上一任务可知，"振镜扫描式"激光打标机的最大优点是打标速度快、打标精细，可以处理各种精细文字、图案的打标，是当今市场上激光打标机的主流产品。因此，在SX-TFI4智能制造生产线中使用了"振镜扫描式"激光打标机。而"振镜扫描式"激光打标机按所选用的激光器类型不同又可分为二氧化碳激光打标机、固体激光打标机等。根据打印对象材质的不同，可以选择不同激光器类型的激光打标机。二氧化碳激光打标机和固体激光打标机所适用的材质可以参照表8-2-1。

表8-2-1　不同类型激光打标机适用对象材质对照表

固体激光系列（YAG/YVO4）		二氧化碳系列（CO_2）	
中文名称	应用领域	中文名称	应用领域
普通金属及合金	铁、铜、铝、镁、锌等所有金属	聚氯乙烯	管材、电线绝缘层、密封件
稀有金属及合金	金、银、钛、铂	ABS料	电器用品外壳、日用品
金属氧化物	各种金属氧化物均可	亚克力	透明材料、仪器表壳
特殊表面处理	磷化、铝阳极化、电镀表面	防弹胶	高抗冲要求的透明制品
水晶	水晶内雕	不饱和聚酯	涂料、装饰品、板材、纽扣
ABS料	电器用品外壳、日用品	聚氨酯	鞋底、人造皮革、油漆
油墨	透光按键、印刷制品	环氧树脂	电子元件的封装、绝缘层
环氧树脂	电子元件的封装、绝缘层	玻璃	玻璃表面

由于步进电机的打标材质为金属，因此根据表8-2-1可知应选择固体激光打标机。除此之外，在选择激光打标机时还应考虑其他几项因素，如加工精度、加工速度、功耗、运行成本、维护和耗材、可靠性、软件适应度等。这些因素的选择主要和待打标产品的具体要求及企业的运行状况相关。综合考虑以上因素，SX-TFI4采用SNM267823激光打标机，其具体参数如表8-2-2所示。

表8-2-2　SNM267823激光打标机工作参数表

机型	SNM267823
激光类型	Nd：YAG
激光波长	1064 nm
最大激光功率	50 W
激光重复频率	≤50 kHz
光束质量	<6
标准标刻范围	100 mm × 100 mm
选配标刻范围	150 mm × 150 mm/200 mm × 200 mm/300 mm × 300 mm
标刻深度	0.01~0.3 mm（视材料可调）
最小线宽	0.01 mm
最小字符	0.2 mm
标刻线速	≤7000 mm/s

（续表）

重复精度	± 0.002 mm
定位指示激光	LD红光，波长650 nm
支持字符类型	宋体、楷体、隶书、仿宋体、幼圆、黑体等汉字和英文字体，支持TrueType字体、单线字体（JSF）、点阵字体（DMF）
最小字符	0.15mm
支持条码	Code 39、Code 128、EAN标准码、EAN缩短码、EAN 128条码、UPC-A、UPC-E、Code 25、ITF 25、CodaBar、PDF417、DATAMATRIX、QR CODE、CHINESE-SENSIBLE CODE等
支持自动编码	序列号、批号、日期、时间等
支持文件格式	BMP、JPG、GIF、TGA、PNG、TIF、AI、DXF、DST、PLT等
冷却方式	水冷
电力需求	220 V/50 Hz/15 A
整机耗电功率	≤3 kW
系统外形尺寸（长×宽×高）	主机系统：1200 mm × 400 mm × 1250 mm；控制系统：530 mm × 550 mm × 770 mm；冷却系统：600 mm × 430 mm × 700 mm

一、制订工作计划

（1）工作组织：教师组织学生分组，每小组由4～6名学生组成，选定1名组长（负责组织和分配任务），1名安全监督员（负责操作时的安全监督和记录）。

（2）接受任务：教师引导学生阅读任务单，完成任务单（表8-2-3）的填写。

表8-2-3　任务8-2工作任务单

SX-TFI4智能制造生产线智能包装系统的系统设计任务单		
单号：No. _____　开单部门：_____　开单人：_____		
开单时间：_____　接单部门：_____		
任务描述	以智能制造生产线智能包装系统为具体实施对象，分析其详细工艺流程并依据流程选择合适的硬件以达到设计要求与预期目标	
要求完成时间		
接单人	签名：　　　　　时间：	

（3）工作计划表：制订详细的工作计划，并填入表8-2-4。

表8-2-4　任务8-2工作计划表

阶段	任务说明	计划工作内容	计划完成时间	责任人

二、设计系统方案

根据上一任务制作的功能分析表的要求设计系统方案。

（1）任务准备：调出上一任务制作的功能分析表。

（2）根据参观结果，梳理智能包装系统的详细工艺流程。具体工艺流程可参照图8-2-1。

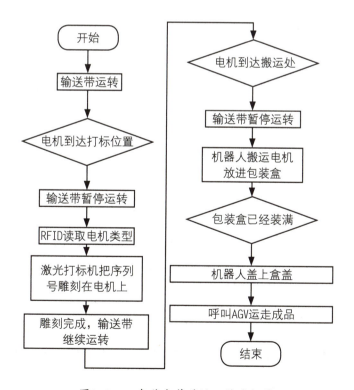

图8-2-1　智能包装系统工艺流程图

（3）系统构成方案设计：根据智能包装系统的工艺流程进行系统的构成方案设计，设计时列出相应的硬件设备需求。具体设计方案构成可参照表8-2-5。

表8-2-5　智能包装系统方案设计表

编号	功能	对应硬件	涉及技术
1	打标	激光打标机	激光应用技术
2	输送	传送步进电机	机械技术
3	上下料搬运	台达四轴机器人	机器人技术
4	识别产品号	RFID	传感器技术
5	中央总控	PLC	PLC技术

（4）主要功能硬件选型：在系统方案设计的基础上，根据功能需求完成系统的硬件选型。各种硬件的具体选型过程均有相应的方法，SX-TFI4智能制造生产线的智能包装系统所采用的硬件配置如表8-2-6所示。

表8-2-6　智能包装系统硬件配置表

编号	设备名称	型号	用途	品牌
1	固定气缸	TN10X20S	托盘定位与紧固	AirTAC
2	激光打标机	SNM267823	步进电机机身蚀刻生产信息	广州码清
3	电机抓手与气缸	MHF2-1202	待包装步进电机抓取	SMC
4	四轴机器人	DRS40L	搬运待包装步进电机	台达
5	RFID	LWR-1204 485	待入库步进电机料号识别	NBDE
6	输送带系统	61K120GU-CF	传送包装完毕步进电机到指定位置	ZD Motor

三、工作总结

（1）采取小组会议方式讨论任务完成情况。

（2）制订工作总结提纲，完成工作总结。

任务考核

在完成本任务的学习后，严格按照表8-2-7的要求进行测评，并完成自我评价、小组评价和教师评价。

表8-2-7　任务8-2测评表

组别		组长		组员			
评价内容			分值	自我评分	小组评分	教师评分	
职业素养	1. 出勤准时率		6				
	2. 学习态度		6				
	3. 承担任务量		8				
	4. 团队协作性		10				
专业能力	1. 工作准备的充分性		10				
	2. 工作计划的可行性		10				
	3. 功能分析完整、逻辑性强		15				
	4. 总结展示清晰、有新意		15				
	5. 安全文明生产及6S		20				
总计			100				
个人的工作时间			提前完成				
			准时完成				
			滞后完成				

个人认为完成得好的地方：

_____

值得改进的地方：

_____

小组综合评价：

_____

组长签名：　　　　　　　　教师签名：

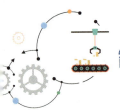

 智能制造生产线包装系统的操作与维护

学习目标

① 掌握智能包装系统的操作、维护方法。

② 掌握智能包装系统各硬件的基本功能与特性。

③ 能结合故障查询表，排除智能包装系统常见故障。

 任务描述

以智能制造生产线智能包装系统为具体实施对象，依据包装工艺流程及硬件选型进行系统的组装与调试，最终使智能包装系统按预期目标稳定运行，并能结合故障查询表排除常见故障。

 任务实施

一、制订工作计划

（1）工作组织：教师组织学生分组，每小组由4～6名学生组成，选定1名组长（负责组织和分配任务），1名安全监督员（负责操作时的安全监督和记录）。

（2）接受任务：教师引导学生阅读任务单，完成任务单（表8-3-1）的填写。

表8-3-1　任务8-3工作任务单

SX-TFI4智能制造生产线智能包装系统的操作与维护任务单		
单号：No.	开单部门：＿＿＿＿＿	开单人：＿＿＿＿
开单时间：＿＿＿＿＿＿＿＿	接单部门：＿＿＿＿＿	
任务描述	以智能制造生产线智能包装系统为具体实施对象，依据包装工艺流程及硬件选型进行系统的组装与调试，最终使智能包装系统按预期目标稳定运行，并能结合故障查询表排除常见故障	
要求完成时间		
接单人	签名：	时间：

（3）工作计划表：制订详细的工作计划，并填入表8-3-2。

表8-3-2　任务8-3工作计划表

阶段	任务说明	计划工作内容	计划完成时间	责任人

二、系统的硬件连接、参数设置及调试

（1）在进行系统的硬件连接及安装调试前，需对PLC的I/O地址进行分配。具体设置可以参照表8-3-3。

表8-3-3　智能包装系统PLC的I/O地址分配表

序号	名称	功能描述	备注
1	I0.1	机器启动信号	
2	I0.2	机器停止信号	
3	I0.3	机器复位信号	
4	I0.4	单机/联机信号选择	
5	I0.5	设备急停信号	
6	I0.6	打标位定位	
7	I0.7	打标定位气缸伸出传感器	
8	I1.0	打标定位气缸回位传感器	
9	I1.1	搬运位定位传感器	

（续表）

序号	名称	功能描述	备注
10	I1.2	搬运定位气缸伸出传感器	
11	I1.3	搬运定位气缸回位传感器	
12	I1.4	托盘出口传感器	
13	I2.0	机器人抓手松开	
14	I2.1	机器人抓手抓紧	
15	I2.2	包装入口传感器	
16	I2.3	包装尽头传感器	
17	I2.4	包装定位气缸伸出传感器	
18	I2.5	包装定位气缸缩回传感器	
19	I2.6	阻挡气缸伸出传感器	
20	Q0.0	打标输送带电机启动	
21	Q0.1	包装输送带电机正启动	
22	Q0.2	包装输送带电机反启动	
23	Q0.3	打标定位气缸电磁阀	
24	Q0.4	搬运定位气缸电磁阀	
25	Q0.5	机器人抓手电磁阀	
26	Q0.6	阻挡气缸电磁阀	
27	Q0.7	包装定位气缸电磁阀	
28	Q1.0	启动指示灯	
29	Q1.1	停止指示灯	
30	Q2.1	复位指示灯	
31	Q2.2	故障指示灯	
32	Q2.3	打标触发信号	
33	Q2.4	机器人启动/停止信号	
34	Q3.1	打标机抱闸	

（2）结合所选元件与I/O定义，绘制智能包装系统接线原理图，如图8-3-1和图8-3-2所示。

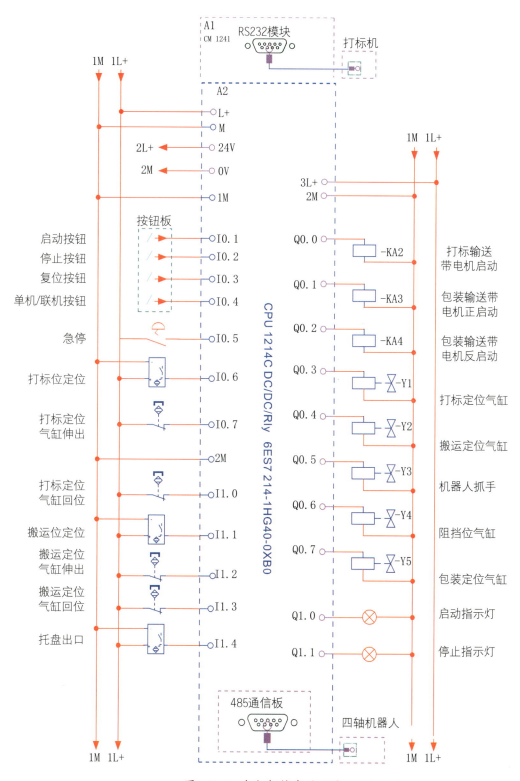

图8-3-1 打标机接线原理图

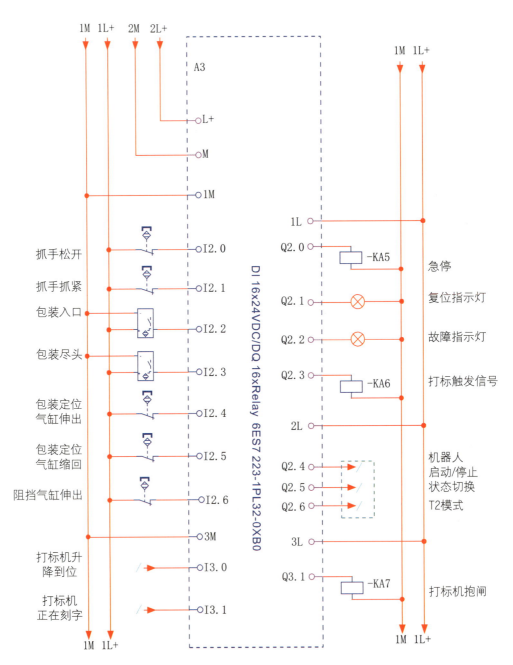

图8-3-2　台达包装机械手接线原理图

（3）根据图8-3-1和图8-3-2所示的接线原理图完成电气元件的连接，连接好的实物如图8-3-3所示。

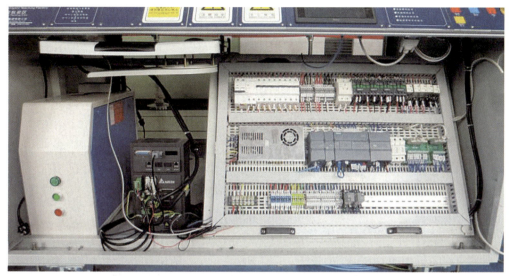

图8-3-3　智能包装系统接线实物图

（4）开机前检查事项。

1）观察机构上各元件外表是否有明显移位、松动或损坏等现象，输送带、装配工位是否有异物或配件；如果存在以上现象，及时调整、紧固或更换元件，清走异物或配件。

2）对照接线图检查桌面和挂板接线是否正确，检查24 V电源，电气元件、电源线等线路是否有短路、断路现象，特别需检查PLC各24 V输入、输出信号是否对220 V短路。

3）接通气路，打开气源，手动按电磁阀，确认各气缸及传感器的原始状态。

（5）智能包装系统运行操作方法。

1）单机自动运行前准备工作：准备好要检测的电机并放置在对应的托盘上。

2）单机自动运行操作方法：

①在复位完成后，在单机状态下按下"启动"按钮，启动指示灯亮，复位指示灯灭，设备开始运行。

②在操作界面选择对应电机品种按钮，并把对应电机托盘放置于输送带入口处，如图8-3-4所示。

③输送带把电机传送至打标位开始打标，打标完成后传送至包装位，机器人开始夹取电机包装。包装完成后，自动呼叫AGV运送包装好的成品至成品区。至此，

一个工作流程完成。

④在设备运行过程中随时按下"停止"按钮，停止指示灯亮并且启动指示灯灭，设备停止运行。

⑤当设备运行过程中遇到紧急状况时，请迅速按下"急停"按钮，设备停止运行。

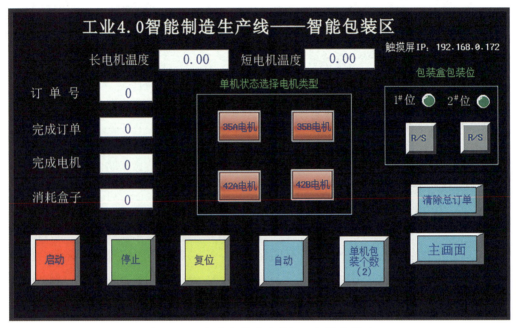

图8-3-4　智能包装系统单机运行操作界面

3）联机自动运行操作方法：

①复位完成状态下，按下"联机"按钮，联机指示灯亮，单机指示灯灭，进入联机状态。

②在联机状态下设备的启动权受控于总控制中心，当设备出现异常报警后，启动权自动交给本站。

③在设备运行过程中遇到紧急状况时，可迅速按下"急停"按钮，设备停止运行。

4）手动运行操作方法：

①按下"单机画面"按钮，进入单机画面。

②在"手动控制部分"可以通过不同按钮手动调试状态，如图8-3-5所示。

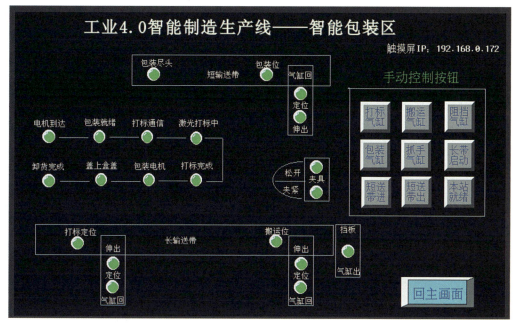

图8-3-5　智能包装系统手动运行操作界面

三、智能包装系统日常维护与常见故障处理

（1）日常维护方法。

1）定期检查输送皮带，各装配工位是否有异响、松动情况。

2）定期检查各传感器接线是否松动，各检测位对位是否正确等。

3）定期检查机器人底座是否有松动状况。

（2）常见故障请参照表8-3-4进行处理。

表8-3-4　智能包装系统故障查询表

代码	故障现象	故障原因	解决方法
Er7001	定位气缸不动作	定位传感器异常	调整或更换传感器
		气缸极限位丢失	调整气缸极限位位置
		PLC无输出信号	检查PLC及线路
Er7002	输送皮带不动作	不满足转动条件	检查程序及相应条件
		线路故障	检查线路，排除故障
		电气元件损坏	更换
		机械卡死或电机损坏	调整结构或更换电机

（续表）

代码	故障现象	故障原因	解决方法
Er7003	机器人不驱动	在单机状态下没有选择电机类型	在操作界面选择相应电机类型
		控制器输入电源故障	修复漏电断路器、电磁接触器等的故障、跳闸、误接线
		通信故障或PLC其他故障	确认PLC与控制器通信设置是否正确，检查PLC程序及其他软性故障
		驱动器发生故障	更换或修理
Er7004	机器人报警	显示报警代码	根据代码含义检查相应项目
Er7005	打标机无法自动对焦	打标机控制机箱红色按钮没有按下	按下红色按钮释放抱闸
		激光头与工件距离超出范围	调整激光头支架
		传感器位置异常或损坏	调整传感器位置或更换

四、工作总结

（1）采取小组会议方式讨论任务完成情况。

（2）制订工作总结提纲，完成工作总结。

— □ ✕

任务考核

在完成本任务的学习后，严格按照表8-3-5的要求进行测评，并完成自我评价、小组评价和教师评价。

表8-3-5　任务8-3测评表

组别		组长		组员		
评价内容			分值	自我评分	小组评分	教师评分
职业素养	1. 出勤准时率		6			
	2. 学习态度		6			
	3. 承担任务量		8			
	4. 团队协作性		10			
专业能力	1. 工作准备的充分性		10			
	2. 工作计划的可行性		10			
	3. 功能分析完整、逻辑性强		15			
	4. 总结展示清晰、有新意		15			
	5. 安全文明生产及6S		20			
总计			100			
个人的工作时间			提前完成			
			准时完成			
			滞后完成			

个人认为完成得好的地方：

值得改进的地方：

小组综合评价：

组长签名：　　　　　教师签名：

项目九
智能制造生产线成品仓库的设计与实践

项目导入

　　智能成品仓库，作为SX-TFI4智能制造生产线的九大模块之一，由成品货架、AGV、物料传送带、堆垛机、中控台五部分组成，可实现对包装完成的成品分类入库（分成品和不良品）、存储、出库的智能控制。

　　本项目分为以下四个学习任务：

　　任务一　智能制造生产线成品仓库的功能需求分析
　　任务二　智能制造生产线成品仓库的系统设计
　　任务三　智能制造生产线成品仓库的操作与维护
　　任务四　智能制造技术的应用实践

　　希望通过本项目的学习，读者可以对分类存放成品的仓储系统进行功能需求分析、系统设计、操作与维护，并能进行基本故障排除。同时，通过智能制造技术的应用实践，进一步加深对智能制造的理解。

 **智能制造生产线成品仓库的功能需求分析**

学习目标

1. 了解智能成品仓库的组成及基本功能。
2. 掌握智能成品仓库功能分析的方法、步骤。
3. 能根据生产实际，进行成品仓储系统功能分析，完成系统功能分析报告。

任务描述

通过现场参观或观看视频，了解智能成品仓库的组成结构及成品入仓的工作流程，并完成智能成品仓库的功能分析。

**学习储备**

智能成品仓库

SX-TFI4智能制造生产线的智能成品仓库是生产系统的一个重要组成部分，该系统主要由成品货架、AGV、物料传送带、堆垛机、中控台五部分组成，如图9-1-1所示。该系统可根据不同的电机类型由堆垛机将包装完成的成品放在智能成品仓库中与之对应的位置。智能成品仓库与智能原料仓库的区别主要在于，在成品仓库中专门划分出一个特定的区域用于存放不良品，将各加工工序中产生的不良品，经AGV运送而来，并由堆垛机送入不良品仓。

成品货架　　　　堆垛机　　　　物料传送带

中控台　　　　　　　　　　　　　　　　　　　　　AGV

图9-1-1　智能成品仓库的组成

　　成品的入库流程如图9-1-2所示。在入库时，堆垛机首先回到零点，AGV将成品输送到堆垛机夹持器上，并对成品的类型进行检测，然后堆垛机将成品放置到相应的位置，入库完成，完成后堆垛机回到入库口。

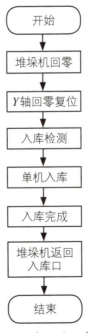

图9-1-2　成品的入库流程

一、制订工作计划

（1）工作组织：教师组织学生分组，每小组由4～6名学生组成，选定1名组长（负责组织和分配任务），1名安全监督员（负责操作时的安全监督和记录）。

（2）接受任务：教师引导学生阅读任务单，完成任务单（表9-1-1）的填写。

表9-1-1 任务9-1工作任务单

SX-TFI4智能制造生产线智能成品仓库功能需求分析任务单			
单号：No. _____	开单部门：_____		开单人：_____
开单时间：_____	接单部门：_____		
任务描述	通过现场参观或观看视频，了解智能成品仓库的组成结构及成品入仓的工作流程，完成智能成品仓库的功能分析		
要求完成时间			
接单人	签名：	时间：	

（3）工作计划表：制订详细的工作计划，并填入表9-1-2。

表9-1-2 任务9-1工作计划表

阶段	任务说明	计划工作内容	计划完成时间	责任人

二、智能成品仓库功能分析

参观智能生产线或观看相关视频，记录参观情况，并完成智能成品仓库功能分析表的制作。

（1）分析智能成品仓库的组成及功能，并填入表9-1-3。

表9-1-3 智能成品仓库组成部分功能表

序号	组成部分（名称）	功能

（续表）

序号	组成部分（名称）	功能

（2）思考：智能成品仓库是如何在入仓时识别不良品的？

三、工作总结

（1）采用小组会议方式讨论任务完成情况。

（2）制订工作总结提纲，完成工作总结。

任务考核

— ◻ ✕

在完成本任务的学习后，严格按照表9-1-4的要求进行测评，并完成自我评价、小组评价和教师评价。

表9-1-4　任务9-1测评表

组别		组长		组员			
评价内容				分值	自我评分	小组评分	教师评分
职业素养	1. 出勤准时率			6			
	2. 学习态度			6			
	3. 承担任务量			8			
	4. 团队协作性			10			
专业能力	1. 工作准备的充分性			10			
	2. 工作计划的可行性			10			
	3. 功能分析完整、逻辑性强			15			
	4. 总结展示清晰、有新意			15			
	5. 安全文明生产及6S			20			
总计				100			
个人的工作时间				提前完成			
				准时完成			
				滞后完成			
个人认为完成得好的地方：							
值得改进的地方：							
小组综合评价：							
组长签名：　　　　　　　教师签名：							

智能制造生产线成品仓库的系统设计

学习目标

1. 了解智能成品仓库的工艺流程。
2. 了解智能成品仓库与智能原料仓库的区别。
3. 掌握智能成品仓库的设计方法和步骤。
4. 了解使用博图（TIA Portal）软件编制西门子PLC程序的流程。
5. 能结合生产实际进行系统方案设计及硬件选型。

任务描述

依据智能成品仓库所需具备的功能，对整个智能成品仓库进行综合方案设计，并对硬件进行选型，为后续系统的组装、调试做前期必要的规划与准备。

西门子PLC程序

在使用西门子PLC时，需要通过博图软件编写PLC程序。建立西门子PLC程序的流程如下。

1. 创建项目

打开TIA Portal软件，进入如图9-2-1所示的界面，选择"创建新项目"，并输入新项目名称"PLC 01"，单击"创建"按钮则自动进入"入门向导"界面，如图9-2-2所示。

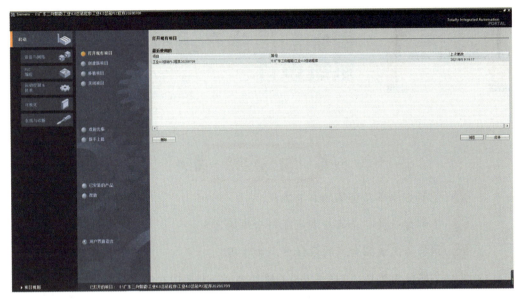

图9-2-1　Portal启动页面

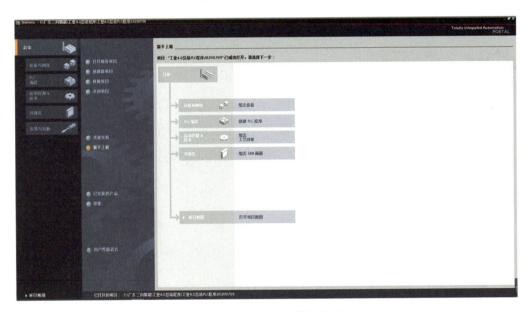

图9-2-2　"入门向导"界面

2. 硬件组态

在图9-2-2中点击"组态设备"项开始对S7-1200 PLC的硬件进行组态，选择"添加新设备"项，显示"添加新设备"界面，如图9-2-3所示。单击"SIMAIC PLC"按钮，先组态PLC硬件，在"设备名称"栏中输入将要添加的设备的用户定义名称，如"PLC01"，在中间的目录树中单击各项前的"▼"图标或双击项目名打开PLC SIMATIC S7-1200，选择相对应的设备的订货号和版本。用同样的方式可以组态触摸屏。在项目视图中，打开项目树下的"PLC01"项，双击"设备配置"项打开"设备视图"，如图9-2-4所示，从右侧"硬件目录"中选择DI/DO所对应订货号的设备，拖动至CPU右侧的第二槽，这样，S7-1200 PLC的硬件设备就组态完成了。

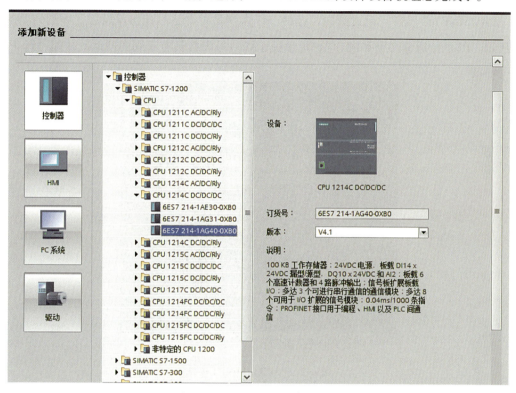

图9-2-3　"添加新设备"界面

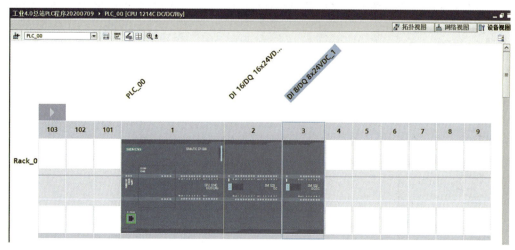

图9-2-4　"设备配置"界面

3. 通信设置

PC与PLC之间使用的是以太网通信，为了保证它们之间的正常通信，需要设置正确的IP。首先修改PC的IP地址，然后在项目树中选择"设备组态"，双击进入"项目视图"，在项目视图中点击如图9-2-5所示位置的"PROFINET接口_1"，将会打开"PROFINET接口_1"设置画面，选择"以太网地址"进行IP协议设置，如图9-2-6所示。PC的IP地址必须和PLC的IP地址处于同一号段且具有不同的站地址才能进行正常通信。

图9-2-5　PROFINET接口

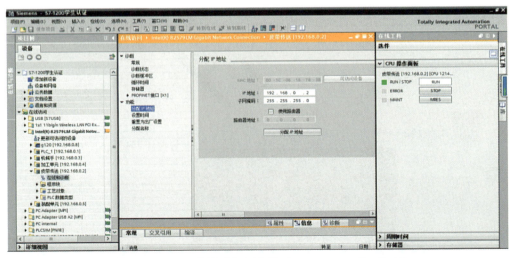

图9-2-6　CPU属性对话框中的"PROFINET接口"项

4. 程序编写

单击"Portal视图",返回Portal视图,单击左侧的"PLC编程"项,可以看到选中"显示所有对象"时,右侧显示了当前所选择PLC中的所有块,双击"Main"块,打开程序块编辑界面,如图9-2-7所示。可以在项目树下直接双击打开PLC设备下程序块里的"Main"程序块,并在程序块内进行PLC程序的编写。

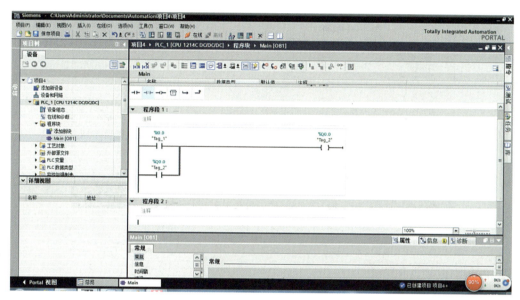

图9-2-7 程序编辑界面

5. 编译、下载

程序编制后,首先进行程序的编译以检查程序是否有错误,然后在项目视图中,选中项目"PLC_01"项,在工具栏中点击"下载到设备"图标"⬇",会打开"扩展的下载到设备"对话框,此时更改"PG/PC接口的类型"和"PG/PC接口",根据用户所使用和连接的接口决定。若将编程计算机和PLC连接好,则将显示当前网络中所有可访问的设备,选中目标PLC,单击"下载"按钮,将项目下载到S7-1200 PLC中,如图9-2-8所示。

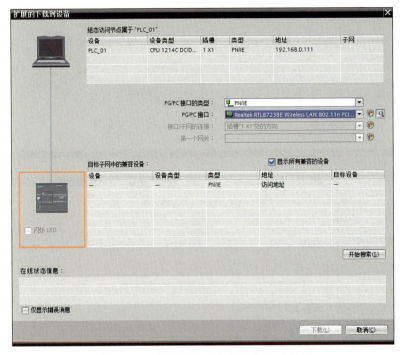

图9-2-8 "扩展的下载到设备"对话框

一、制订工作计划

（1）工作组织：教师组织学生分组，每小组由4～6名学生组成，选定1名组长（负责组织和分配任务），1名安全监督员（负责操作时的安全监督和记录）。

（2）接受任务：教师引导学生阅读任务单，完成任务单（表9-2-1）的填写。

表9-2-1 任务9-2工作任务单

SX-TFI4智能制造生产线智能成品仓库方案设计任务单		
单号：No.____ 开单部门：____ 开单人：____		
开单时间：____ 接单部门：____		
任务描述	依据智能成品仓库所需具备的功能，对整个智能成品仓库进行综合方案设计，并对硬件进行选型	
要求完成时间		
接单人	签名：	时间：

（3）工作计划表：制订详细的工作计划，并填入表9-2-2。

表9-2-2　任务9-2工作计划表

阶段	任务说明	计划工作内容	计划完成时间	责任人

二、设计系统方案

查阅资料，根据上一任务制作的功能分析表的要求设计系统方案。

（1）任务准备：调出上一任务制作的功能分析表。

（2）根据参观结果，梳理智能成品仓库的详细工作流程，成品入库和成品出库的具体工艺流程可分别参照图9-2-9和图9-2-10。

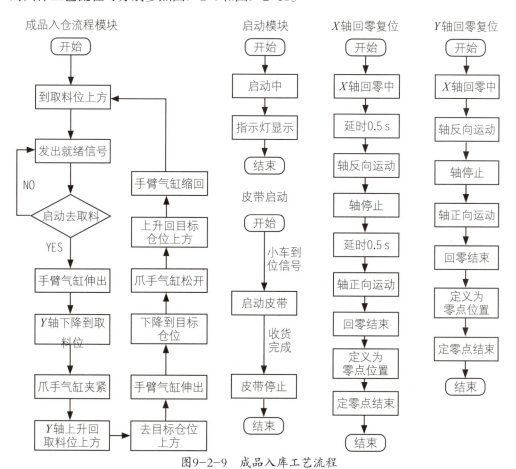

图9-2-9　成品入库工艺流程

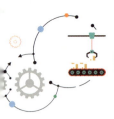

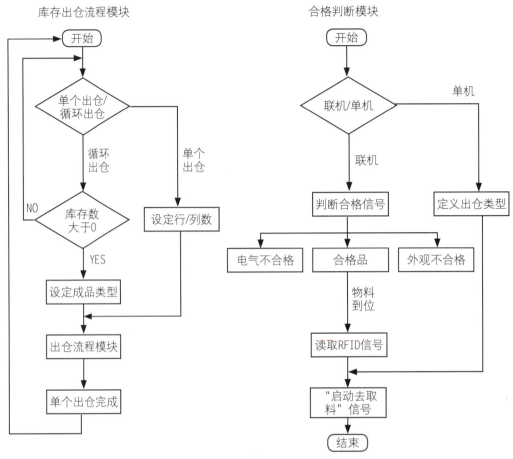

图9-2-10　成品出库工艺流程

（3）系统构成方案设计：根据智能成品仓库的出入库流程进行系统的构成方案设计。方案设计包括硬件系统方案和软件系统方案，根据智能成品仓库的需求列出相应的软硬件设备，具体设计方案构成可参照表9-2-3和表9-2-4。

表9-2-3　智能成品仓库系统方案设计表

编号	需求分类	采用技术
1	成品的类型、规格以及合格品/不良品的甄别	RFID技术、传感技术
2	堆垛机的应用	气动技术、PLC控制技术、传感技术
3	远程运送物料	AGV技术
4	中控台可视界面	触摸屏编程技术

表9-2-4　智能成品仓库硬件系统设计表

编号	功能模块分类	对应硬件图示
1	利用RFID技术，在传送带上进行成品入库前检测（电机型号、合格品/不良品）	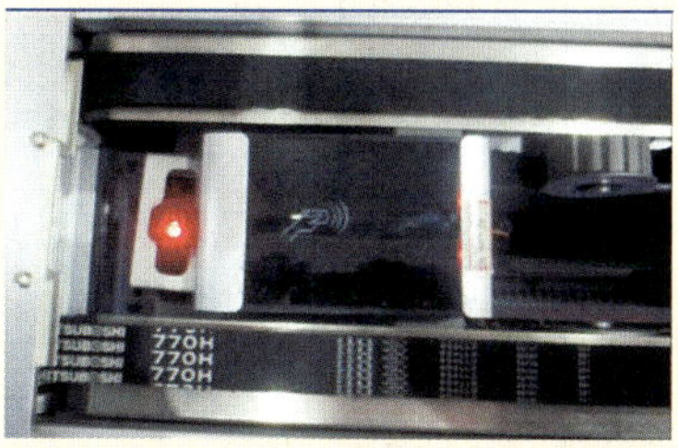
2	堆垛机将物料运送到仓库对应位置，仓库系统自动计数	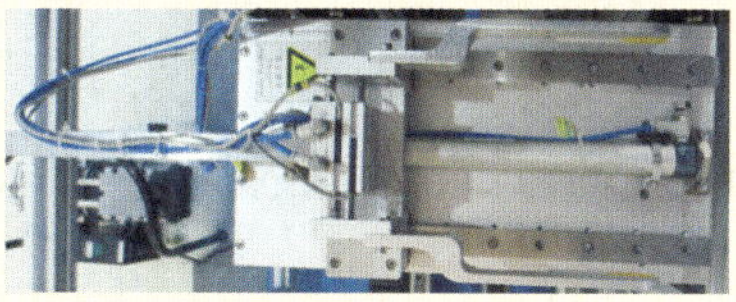
3	出库，由堆垛机将物料搬运至传送带，经检测部件检测型号及质量，呼叫AGV运至下一站	
4	中控台控制手动/自动运行方式	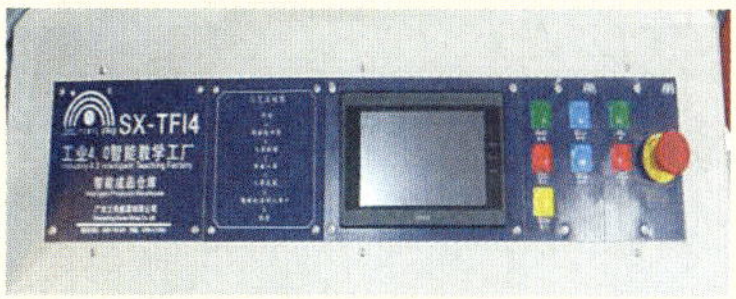

（4）主要功能硬件选型：在系统方案设计的基础上，根据功能需求完成系统的硬件选型。各种硬件的具体选型过程均有相应的方法，SX-TFI4智能制造生产线的智能成品仓库所采用的硬件配置如表9-2-5示。

表9-2-5　智能成品仓库硬件配置表

编号	设备名称	型号	用途	品牌
1	输送带电机	6IK120GU-CF	带动传送带，传送物料	ZD Motor
2	RFID射频器	LWR-1204 485	原材料料号识别	NBDE
3	伸缩气缸	MAL20X250-S-CM-LB	堆垛机机械手伸/缩	SMC

（续表）

编号	设备名称	型号	用途	品牌
4	电机抓手气缸	MHL2-16D	堆垛机机械手抓取工件	SMC
5	触摸屏	MT4424TE	操控系统工作	Kinco
6	PLC	S7-1200	控制系统	西门子
7	X轴V90伺服电机	6SL3210-5FE10-4UA0	堆垛机平行移动	西门子
8	Y轴V90伺服电机	6SL3210-5FE11-0UA0	堆垛机的垂直移动	西门子
9	光电传感器	E3FA-DP11 2M	检测工件	OMRON
10	接近开关	E2E-X2MF2-Z 2M	检测工件	OMRON

（5）识读智能成品仓库气动控制原理图：成品仓库的气动控制电路如图9-2-11所示，请根据此图完成表9-2-6中的内容，并在表下方描述气路的工作过程。

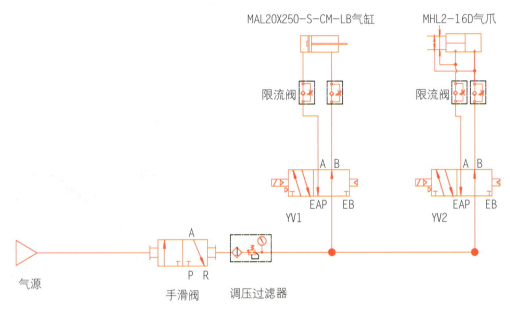

图9-2-11 智能成品仓库气动控制原理图

表9-2-6 智能成品仓库气动控制元件清单

序号	材料或元件名称	数量	备注

（6）识读PLC点数分配表及PLC接线图：用PLC控制硬件时，需要对PLC的输入/输出（I/O）进行分配，并根据分配表完成系统的硬件接线。I/O分配及接线情况分别如表9-2-7和图9-2-12所示，同时请完成堆垛机控制的PLC程序编制。

表9-2-7　智能成品仓库中控PLC的I/O地址分配表

序号	名称	功能描述	备注	序号	名称	功能描述	备注
1	I0.0	轴_X原点		21	I2.6	手抓夹紧到位	
2	I0.1	轴_X左限位		22	–	–	
3	I0.2	轴_X右限位		23	Q0.0	轴_X_脉冲	
4	I0.3	X轴报警		24	Q0.1	轴_X_方向	
5	I0.4	X轴准备好		25	Q0.2	轴_Y_脉冲	
6	I0.5	轴_Y原点		26	Q0.3	轴_Y_方向	
7	I0.6	轴_Y上限位		27	Q0.4	轴_X上电	
8	I0.7	轴_Y下限位		28	Q0.5	轴_X清零	
9	I1.0	Y轴报警		29	Q0.6	轴_Y上电	
10	I1.1	Y轴准备好		30	Q0.7	轴_Y清零	
11	I1.2	启动按钮		31	Q1.0	面板启动指示灯	
12	I1.3	停止按钮		32	Q1.1	面板停止指示灯	
13	I1.4	复位按钮		33	–	–	
14	I1.5	联机按钮		34	Q2.0	面板复位指示灯	
15	I2.0	急停		35	Q2.1	手臂气缸阀	
16	I2.1	成品到来检测		36	Q2.2	手抓气缸阀	
17	I2.2	成品入库检测		37	Q2.3	输送带	
18	I2.3	手臂缩回到位		38	Q2.4	启动指示灯	
19	I2.4	手臂伸出到位		39	Q2.5	停止指示灯	
20	I2.5	手抓松开到位		40	Q2.6	复位指示灯	

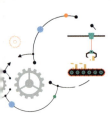

智能制造生产线的运行与维护

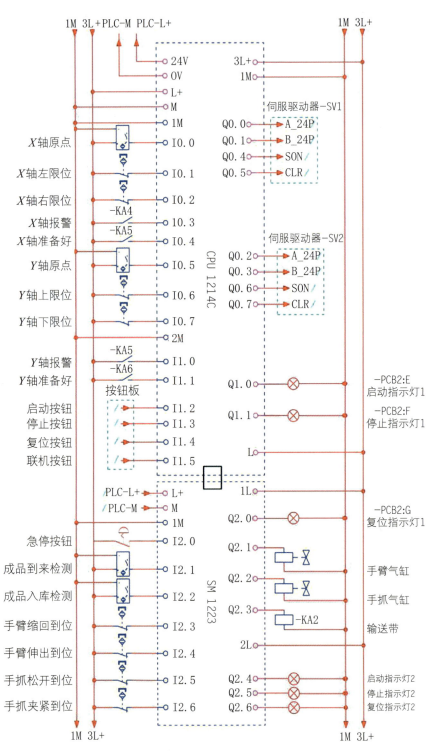

图9-2-12　智能成品仓库中控PLC接线图

— 272 —

三、工作总结

（1）采取小组会议方式讨论任务完成情况。

（2）制订工作总结提纲，完成工作总结。

任务考核

　　在完成本任务的学习后，严格按照表9-2-8的要求进行测评，并完成自我评价、小组评价和教师评价。

表9-2-8　任务9-2测评表

组别		组长		组员		
评价内容			分值	自我评分	小组评分	教师评分
职业素养	1. 出勤准时率		6			
	2. 学习态度		6			
	3. 承担任务量		8			
	4. 团队协作性		10			
专业能力	1. 工作准备的充分性		10			
	2. 工作计划的可行性		10			
	3. 功能分析完整、逻辑性强		15			
	4. 总结展示清晰、有新意		15			
	5. 安全文明生产及6S		20			
总计			100			
个人的工作时间			提前完成			
			准时完成			
			滞后完成			

个人认为完成得好的地方：

值得改进的地方：

小组综合评价：

组长签名：　　　　　　　教师签名：

智能制造生产线成品仓库的操作与维护

① 掌握智能成品仓库操作、维护的方法。

② 能够根据电机类型进行程序编制与参数设置，完成"成品/不良品"的判断和出入库任务。

③ 能结合故障查询表排除智能成品仓库常见故障。

依据智能成品仓库"入库、出库"工艺流程，在硬件选型的基础上进行系统的组装与调试，最终使智能成品仓库按预期目标稳定运行，并能结合故障查询表排除常见故障。

传感器的概念

传感器是指能把特定的被测信息（包括物理量、化学量、生物量等）按一定规律转换成某种可用信号输出的器件或装置。这里"可用信号"是指便于处理、传输的信号。当今电信号最易于处理和便于传输，因此，可以把传感器狭义地定义为：能将被测信息转换成电信号输出的器件。

传感器技术是涉及传感（检测）原理、传感器设计、传感器开发和应用的综合技术。传感技术的含义则更为广泛，它是传感器技术、敏感功能材料科学、细微加工技术等多学科技术相互交叉渗透而形成的一门新技术学科——传感器工程学。

传感器一般由三部分组成：敏感元件、转换元件、测量电路，如图9-3-1所示。

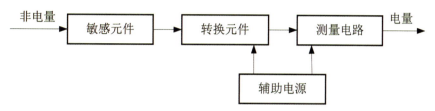

图9-3-1 传感器的组成

其中，能把非电信息转换成电信号的转换元件是传感器的核心。敏感元件预先将被测非电量变换为另一种易于变换成电量的非电量，再变换为电量，如弹性元件。因此，并非所有传感器都包含这两部分。对于物性型传感器，一般就只有转换元件；而结构型传感器就包括敏感元件和转换元件两部分。

传感器可以分为内部和外部的，其中外部感应如视觉或触觉等，其并不包括在设备控制器的固有部件中；而内部传感器如位移传感器，则装在设备内部。采用这种分类方法，传感器也可分为内部传感器和外部传感器。

内部传感器用来确定设备在其自身坐标系内的姿态位置，如用来测量位移、速度、加速度和应力的通用型传感器，通常由位置、加速度、速度及压力传感器组成，如表9-3-1所示。

表9-3-1 内部传感器基本形式

传感器	种类
特定位置接触和非接触传感器	限位开关、行程开关、微型开关、光电开关、接近开关
任意位置、角度传感器	电位器、旋转变压器、码盘、关节角传感器
速度、角速度传感器	测速发电机、码盘
加速度传感器	应变片式、伺服式、压电式、电动式
倾斜角传感器	液体式、垂直振子式
方位角传感器	陀螺仪、地磁传感器

外部传感器则用于设备本身相对其周围环境的定位。外部传感机构的使用使设备能以柔性的方式与其环境互相作用，负责检测如距离、接近程度和接触程度之类的变量，便于设备获取周围环境、目标物的状态特征信息，使设备与环境能发生交互作用，从而使设备对环境有自校正和自适应能力。外部传感器通常包括触觉、接近觉、视觉、听觉、嗅觉、味觉等传感器，表9-3-2列出了这些传感器的分类和功能。

表9-3-2　外部传感器基本形式

传感器	检测内容	检测器件	应用
触觉	接触 把握力 荷重	限制开关 应变计、半导体感压元件 弹簧变位测量器	动作顺序控制 把握力控制 张力控制、指压控制
触觉	分布压力 多元力 力矩 滑动	导电橡胶、感压高分子材料 应变计、半导体感压元件 压阻元件、马达电流计 光学旋转检测器、光纤	姿势、形状判别 装配力控制 协调控制 滑动判定、力控制
接近觉	接近 间隔 倾斜	光电开关、LED、激光、红外 光电晶体管、光电二极管 电磁线圈、超声波传感器	动作顺序控制 障碍物体躲避 轨迹移动控制、探索
视觉	平面位置 距离 形状 缺陷	ITV摄像机、位置传感器 测距器 线图像传感器 面图像传感器	位置决定、控制 移动控制 物体识别、判别 检查、异常检测
听觉	声音 超声波	麦克风 超声波传感器	语言控制（人机接口） 移动控制
嗅觉	气体成分	气体传感器、射线传感器	化学成分探测
味觉	味道	离子敏感器、pH计	化学成分探测

 任务实施

一、制订工作计划

（1）工作组织：教师组织学生分组，每小组由4~6名学生组成，选定1名组长（负责组织和分配任务），1名安全监督员（负责操作时的安全监督和记录）。

（2）接受任务：教师引导学生阅读任务单，完成任务单（表9-3-3）的填写。

表9-3-3　任务9-3工作任务单

SX-TFI4智能制造生产线智能成品仓库的操作与维护任务单	
单号：No.　　　　　开单部门：　　　　　　开单人：	
开单时间：　　　　　　　　接单部门：	
任务描述	依据智能成品仓库"入库、出库"工艺流程，在硬件选型的基础上进行系统的组装与调试，最终使智能成品仓库按预期目标稳定运行，并能结合故障查询表排除常见故障
要求完成时间	
接单人	签名：　　　　　　　　时间：

（3）工作计划表：制订详细的工作计划，并填入表9-3-4。

表9-3-4　任务9-3工作计划表

阶段	任务说明	计划工作内容	计划完成时间	责任人

二、系统的硬件连接、参数设置及调试

（1）任务准备：准备好电工工具包、扳手等。

（2）根据图9-2-11所示的气动控制原理图完成气路的连接，连接好的气路实物如图9-3-2所示。

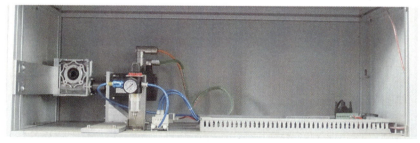

图9-3-2　智能成品仓库气路实物图

（3）根据电路控制原理图完成电路的接线，连接好的电路实物如图9-3-3所示。

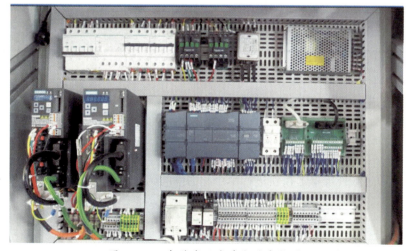

图9-3-3　智能成品仓库电路实物图

（4）根据"项目四 任务三"中的步骤完成伺服电机与伺服驱动器之间的连接及伺服系统的参数设置。

（5）成品仓库的运行操作方法。

1）设备调试前准备工作：检查传送带，确保物料已清走，打开电源和气阀。

2）单机手动运行操作方法：

①按下"开"按钮，设备上电，绿色指示灯亮，黄色指示灯闪烁。

②按下"单机"按钮，单机指示灯点亮，接着按下"停止"按钮，再按"复位"按钮，复位完成时指示灯常亮，注意在使用成品仓库前必须进行复位操作。

③点击"实时仓位"按钮进入实时仓位界面查看仓位状态，如图9-3-4所示。当仓位满时会亮灯提醒，同时也可以人工清除全部仓位存储信息。

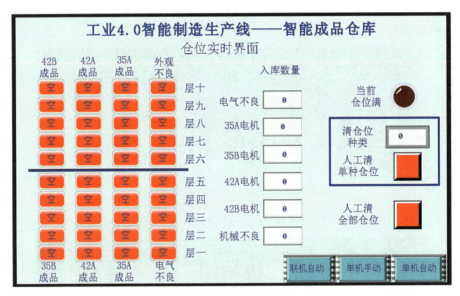

图9-3-4　智能成品仓库实时仓位界面

④点击"单机手动"按钮。

⑤按下"自动有效"按钮进入手动调试状态，注意进行手动调试前必须将中控台置于"停止"状态下。

⑥可以通过触摸屏幕上按钮进行单个元器件的调试，如图9-3-5所示。

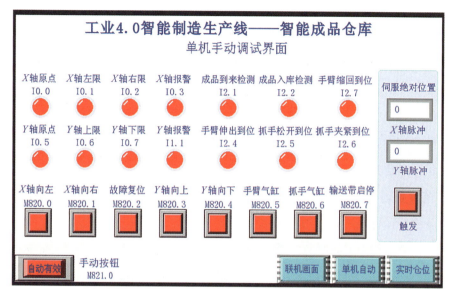

图9-3-5　智能成品仓库单机手动调试界面

3）如图9-3-6所示，单机自动运行操作方法如下：

①按下"开"按钮，设备上电，绿色指示灯亮，黄色指示灯闪烁。

②按下"单机"按钮，单机指示灯点亮，接着按下"停止"按钮，再按"复位"按钮，复位完成时指示灯常亮。

③按"单机自动"按钮，进入单机画面。

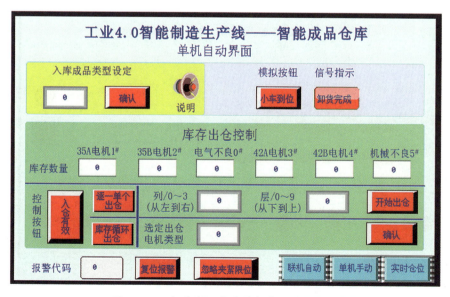

图9-3-6　智能成品仓库单机自动运行界面

④在入库成品类型设定中输入相应数字，点击"确认"，然后点击"小车到位"按钮模拟AGV到达入库口位置，并把相应的产品放置在入口处。

⑤点击"卸货完成"，成品仓库开始进行入库操作。入库后点击"入仓有效"确认。

⑥出仓时，可以输入各种电机类型的数量，并在货柜相应位置放置托盘。

⑦选择出仓方式"逐一单个出仓"或"库存循环出仓"并确认，点击"开始出仓"将进行出仓操作。

⑧在设备运行过程中随时按下"停止"按钮，停止指示灯亮并且启动指示灯灭，设备停止运行。

⑨当设备运行中遇到紧急状况时，请迅速按下"急停"按钮，设备停止运行。

4）智能成品仓库的联机运行调试。联机运行是指将智能成品仓库模块与整个智能工厂进行联合调试，调试步骤如下：

①确认通信线完好，在"上电""复位"完成状态下，按下"联机"按钮，联机灯亮，单机灯灭，进入联机状态。

②通过主站下达订单。

③通过"联机自动界面"可以监测成品仓库的运行状态，如图9-3-7所示。

④在联机状态下设备的启动权受控于总控制中心，运行中遇紧急状况，可按

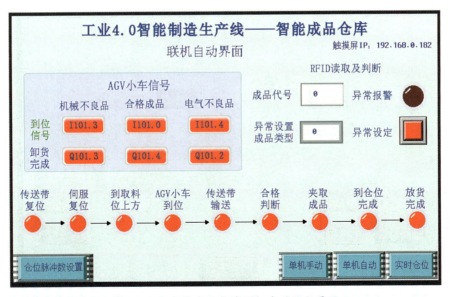

图9-3-7　智能成品仓库联机自动运行界面

"急停",此时原料仓库的控制回到单机模式。

三、智能成品仓库日常维护及常见故障处理

（1）日常维护方法。

1）定期检查输送皮带及搬运机构是否有异响、松动情况。

2）定期检查各传感器接线是否松动，各检测位对位是否正确等。

3）定期检查及校正电机综合测试仪各项检测参数。

（2）会使用故障查询表（表9-3-5）处理常见故障。

表9-3-5　智能成品仓库故障查询表

代码	故障现象	故障原因	解决方法
Er8001	入库/出仓皮带不动作	不满足转动条件	检查程序及相应条件
		线路故障	检查线路排除故障
		电气元件损坏	更换
		机械卡死或电机损坏	调整结构或更换电机
Er8002	伺服报警	三相电缺失	检查三相电线路
		显示报警代码	根据代码含义检查相应项目
Er8003	伸出气缸不动作	气压不足	检查气路
		夹臂气爪伸出/缩回传感器异常	检查夹臂伸出/缩回及相应传感器线路
		检测位气缸前限位传感器异常	调整或更换传感器
		线路故障	检查相关线路电气元件
Er8004	夹爪气缸不动作	气压不足	检查气路
		夹爪传感器异常	检查搬运机构及相应传感器线路
		检测位气缸前限位传感器异常	调整或更换传感器
		线路故障	检查相关线路电气元件
Er8006	RFID读写器异常	RFID读写指示灯不亮	检查线路，接触是否良好
		RFID读写触发不灵敏	检查并调整机械接近距离
		RFID损坏	更换新的读写器

四、工作总结

（1）采取小组会议方式讨论任务完成情况。

（2）制订工作总结提纲，完成工作总结。

— ◻ ✕

任务考核

在完成本任务的学习后，严格按照表9-3-6的要求进行测评，并完成自我评价、小组评价和教师评价。

表9-3-6　任务9-3测评表

组别		组长		组员		
评价内容			分值	自我评分	小组评分	教师评分
职业素养	1. 出勤准时率		6			
	2. 学习态度		6			
	3. 承担任务量		8			
	4. 团队协作性		10			
专业能力	1. 工作准备的充分性		10			
	2. 工作计划的可行性		10			
	3. 功能分析完整、逻辑性强		15			
	4. 总结展示清晰、有新意		15			
	5. 安全文明生产及6S		20			
总计			100			
个人的工作时间			提前完成			
			准时完成			
			滞后完成			

个人认为完成得好的地方：

值得改进的地方：

小组综合评价：

组长签名：　　　　　　　　　教师签名：

 **智能制造技术的应用实践**

学习目标

① 分析SX-TFI4工业4.0智能制造生产线中智能制造系统的特征体现。

② 加深对智能制造、智能生产线的理解。

③ 综合应用所学知识完成智能生产线的系统方案设计。

任务描述

通过对SX-TFI4工业4.0智能制造生产线的学习以及对智能制造的理解，提炼智能制造技术在智能工程中的实际应用，并对智能生产线的特点进行总结。最后在教师的指导下完成创新型的步进电机智能生产线的系统方案设计。

学习储备

通过项目一的介绍可知，智能制造的主要特征包括了产品智能化、装备智能化、生产方式智能化、管理智能化和服务智能化五个方面。而在SX-TFI4工业4.0智能制造生产线中使用的能耗管理监控、产品质量管控、数据采集与分析、产品个性化定制等内容均属于智能制造的范畴。下文将对这些内容的设计与实施进行介绍，以加深对智能制造的特征与应用的理解。

一、能耗管理监控

工业能耗在线监测系统可以为管理者提供一线能耗数据，为产线的设计改造提供数据支撑，不仅有助于节能减排，同时也可以对某些设备故障进行预警。SX-TFI4

智能制造生产线充分利用信息通信技术手段，实时采集用能车间能耗数据，依托智能控制中心对数据进行处理，实现各车间能耗在线动态监测和历史能耗状态分析。

1. 硬件组成

能耗采集系统硬件一般由电能采集仪表、通信支持模块、中央数据处理上位机等部分组成。在SX-TFI4智能制造生产线中，前端采集仪表采用单相电能表和三相电能表对各智能车间的电能进行采集，并通过RS485通信将采集的数据传输至主站PLC进行数据处理，主站将处理后的数据传送至MES，如图9-4-1所示。

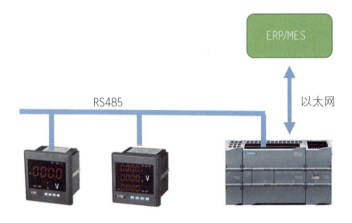

图9-4-1 能耗监控系统硬件组成

2. 通信实施方式

本系统中电能表采用MODBUS通信协议。MODBUS协议在一根通信线上采用主从应答方式的数据传递方式。首先，主计算机的信号寻址到一台唯一地址的终端设备（从机），然后终端设备发出的应答信号以相反的方向传输给主机，即在一根单独的通信线上信号沿着相反的两个方向传输所有的通信数据流（半双工的工作模式）。

MODBUS协议只允许在主机（PC、PLC等）和终端设备之间通信，而不允许独立的终端设备之间的数据交换，这样各终端设备不会在它们初始化时占据通信线路，而仅限于响应到达本机的查询信号。在本系统中，每个仪表需要设置唯一的地址识别码，地址码使用范围为1~247，其他地址保留。这些位标明了用户指定的终端设备的地址，该设备将接收来自与之相连的主机的数据。每个终端设备的地址必须是唯一的，仅被寻址到的终端会响应包含了该地址的查询（具体设置方法请参考相关电能表使用说明书）。当终端发送回一个响应，响应中的从机地址数据告诉了主机哪台终端与之进行通信，而功能码告诉了被寻址到的终端执行何种功能。在本例中对电能表地址及所提取数据的功能码分配如表9-4-1所示。

表9-4-1　电能表地址及功能码分配表

车间	终端		有功功率		电网频率		单相电压		A相电压		B相电压		C相电压	
	地址	字节	地址	字节	地址	字节	地址	字节	地址	字节	地址	字节	地址	字节
原料区	1	1	49	2	62	2			37	2	38	2	39	2
加工区	2	1	49	2	62	2			37	2	38	2	39	2
装配区	3	1	49	2	62	2			37	2	38	2	39	2
螺丝区	4	1	10, 11	4	16, 17	4	6, 7	4						
充磁区	5	1	10, 11	4	16, 17	4	6, 7	4						
测试区	6	1	49	2	62	2			37	2	38	2	39	2
包装区	7	1	10, 11	4	16, 17	4	6, 7	4						
成品区	8	1	49	2	62	2			37	2	38	2	39	2

在本系统中，主机为PLC，从机为各区的电能表，在建立主从机之间的通信后，需在PLC项目内进行创建数据块、编写相应程序等操作。当电能表触发PLC的响应程序后，PLC将各个电能表的数据读出，并传输至数据库，供ERP/MES提取，电能表数据和数据库关系如表9-4-2所示。

表9-4-2　电能表数据和数据库关系表

项目类别	变量	数据类型	数据库	项目类别	变量	数据类型	数据库
原材料A相电压	MD2100	浮点型Real	D231	螺丝区频率	MD2168	浮点型Real	D248

智能制造生产线的运行与维护

（续表）

项目类别	变量	数据类型	数据库	项目类别	变量	数据类型	数据库
原材料 B相电压	MD2104	浮点型 Real	D232	充磁区 电压	MD2172	浮点型 Real	D249
原材料 C相电压	MD2108	浮点型 Real	D233	充磁区 有功功率	MD2176	浮点型 Real	D250
原材料 有功功率	MD2112	浮点型 Real	D234	充磁区 频率	MD2180	浮点型 Real	D251
原材料 频率	MD2116	浮点型 Real	D235	测试区 A相电压	MD2184	浮点型 Real	D252
加工区 A相电压	MD2120	浮点型 Real	D236	测试区 B相电压	MD2188	浮点型 Real	D253
加工区 B相电压	MD2124	浮点型 Real	D237	测试区 C相电压	MD2192	浮点型 Real	D254
加工区 C相电压	MD2128	浮点型 Real	D238	测试区 有功功率	MD2196	浮点型 Real	D255
加工区 有功功率	MD2132	浮点型 Real	D239	测试区 频率	MD2200	浮点型 Real	D256
加工区 频率	MD2136	浮点型 Real	D240	包装区 电压	MD2204	浮点型 Real	D257
装配区 A相电压	MD2140	浮点型 Real	D241	包装区 有功功率	MD2208	浮点型 Real	D258
装配区 B相电压	MD2144	浮点型 Real	D242	包装区 频率	MD2212	浮点型 Real	D259
装配区 C相电压	MD2148	浮点型 Real	D243	成品区 A相电压	MD2216	浮点型 Real	D260
装配区 有功功率	MD2152	浮点型 Real	D244	成品区 B相电压	MD2220	浮点型 Real	D261
装配区 频率	MD2156	浮点型 Real	D245	成品区 C相电压	MD2224	浮点型 Real	D262
螺丝区 电压	MD2160	浮点型 Real	D246	成品区 有功功率	MD2228	浮点型 Real	D263
螺丝区 有功功率	MD2164	浮点型 Real	D247	成品区 频率	MD2232	浮点型 Real	D264

　　MES读取数据库相关字段，进行相关数据分析，在线实时监测区域内显示的每个站的能耗状况，如图9-4-2所示。

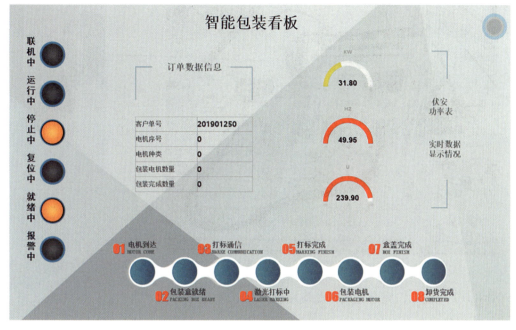

图9-4-2 智能包装单元看板显示

二、产品质量管控

优质的产品才能使企业在市场中具有强大的竞争力。要把安全高质的产品带给用户，需要建立更高的质量标准，并以严谨细致的流程环节来为质量护航。而这背后，离不开巨大的投入和技术的积累，体现的不仅仅是产品自身的优势，更是规范的生产管理能力。

在以前的生产模式中，质量管控主要是人员以及设备相结合进行的，而随着科学技术的不断发展，智能制造已经可以做到不需要人员的参与，就可以实现产品的质量管控。生产过程的质量管控主要是从生产过程及各环节进行质量控制，对所完成的产品的质量进行检验、控制与统计分析，并根据分析结果对产线进行调整。在SX-TFI4智能制造生产线中，质量管控主要体现在以下几个方面。

1. 智能加工单元激光测距检测

如图9-4-3所示，在加工单元有一个激光测距模块，激光测距传感器检测步进电机前端盖和后端盖加工的误差是否达到要求。此模块采用的激光传感器为FASTUS（奥泰斯）生产的CD22-485激光测距传感器，它具有高精度（分辨率可达1 μm）、高性能、体积小、质量轻、检测距离可视化、采样周期自动调整、检测异常报警

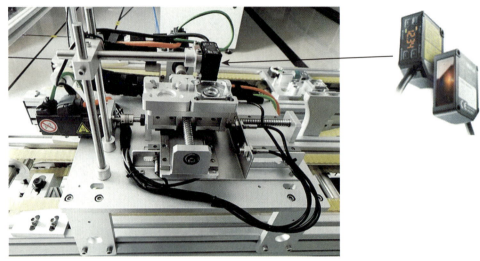

图9-4-3　激光测距模块实物图

（HOLD）等优点，完全适用于此应用场景。

除了激光位移传感器外，测距检测系统中还包括被测工件、PLC、MES等，如图9-4-4所示。在检测过程中，PLC通过RS485通信把测距传感器的检测数值读取出

中控台

测量点3加工工件

AGV

堆垛机

物料传送带

图9-4-4　激光测距系统组成

来，并与标准值进行比较，然后把数据上传到MES，从而检测出加工件是否合格，同时也为产品加工单元的调整提供依据。具体测距检测流程如下：

（1）完成电机端盖的加工，加工位置如图9-4-5所示。

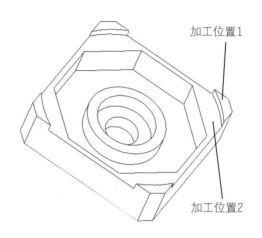

图9-4-5　端盖测量"加工位置1"和"加工位置2"

（2）在"加工位置1"和"加工位置2"各选择一个点，作为测量第一点和第二点，传感器自动计算这两点的高度差，并把数值通过RS485传送到PLC，PLC进行数据对比，并把对比结果上传到主站。

（3）采用同样的方法测量第三点和第四点，如图9-4-6所示，传感器自动计算这两点的高度差，从而把数值通过RS485传送到PLC，PLC进行数据对比，并把对比结果上传到主站。

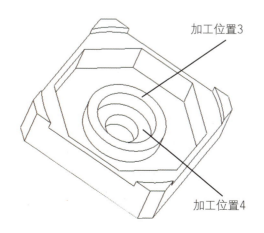

图9-4-6　端盖测量"加工位置3"和"加工位置4"

（4）加工站的检测数据通过网络传送到主站后，由主站进行数据积累和处理，通过多次结果比对来纠正加工站的加工程序，从而提高加工精度和加工的质量。

2. 智能拧螺丝单元视觉检测

在自动化生产线中，产品外观的瑕疵、外观尺寸的测量及自动化对位组装等参数均需要进行检测。在智能拧螺丝单元中利用视觉检测技术，通过视觉传感器对已经进行轴承装配、整机装配及螺丝装配的步进电机进行拍照，通过距离测量、图像的形状匹配等对步进电机的外观质量进行管控，如图9-4-7所示。

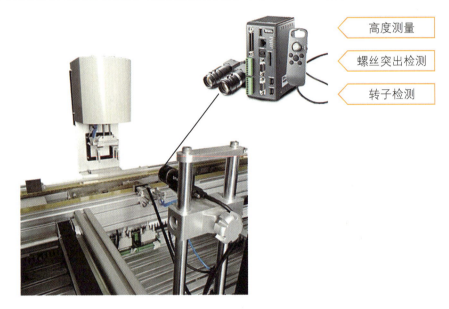

图9-4-7　视觉检测系统

拧螺丝单元视觉检测系统通过DMV控制器内部高速精准的多任务运算处理能力、人性化的操作界面以及多样化的视觉检测功能，来检测步进电机在轴承装配、整机装配和螺丝装配工序工程中是否有装配问题。其替代人眼去识别产品装配的质量，效率高、分辨能力强、精度高。

在拧螺丝单元的末端安装了一套视觉检测系统，通过相机拍摄的方式对电机的端盖装配情况、拧螺丝情况、轴承安装情况等进行检测，并将不合格产品检出，由AGV输送到指定位置。外观检测的基本步骤如下。

（1）检测左侧边缘，确定宽度尺寸方向基准，如图9-4-8所示。

（2）检测上侧边缘，寻找长度尺寸测量基准，如图9-4-9所示。

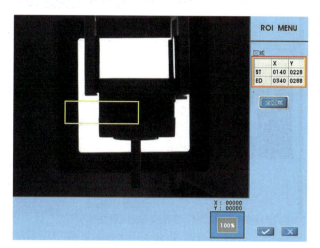

图9-4-8　检测左侧边缘

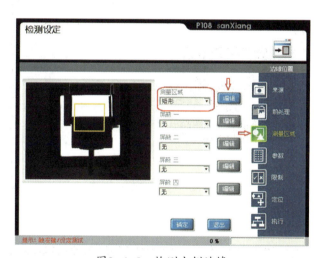

图9-4-9　检测上侧边缘

（3）检测上、下端盖左侧，确保左侧装配到位，螺丝拧到位，如图9-4-10所示。

（4）检测上、下端盖右侧，确保右侧装配到位，螺丝拧到位，如图9-4-11所示。

（5）对步进电机的"斑点"进行检测，检测判断产品有没有轴，检测轴承是否漏装，如图9-4-12所示。

（6）合格判断。设置的判断条件是左右两个高度及有轴时才输出OK信号，否则输出NG信号，并把合格和不合格的数量上传到主站。主站收集数据并进行分析，计算步进电机的装配合格率，及时反馈装配结果的数据。MES可以根据这些数据了解设备的运行情况，有依据地、有目的性地对设备进行改善和调整。

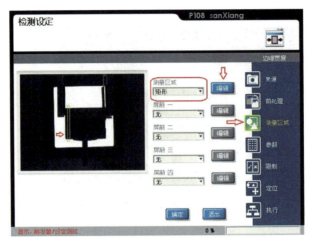

图9-4-10　检测上、下端盖左侧

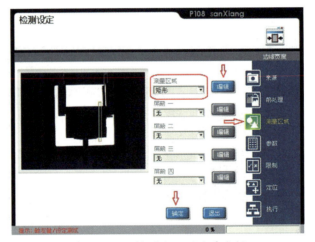

图9-4-11　检测上、下端盖右侧

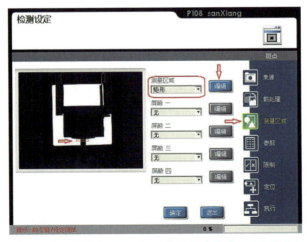

图9-4-12　检测轴承是否漏装

3. 智能检测单元电气性能检测

此环节是步进电机电气性能检测，主要检测步进电机的电气性能是否符合标准要求，包括电气强度、相间绝缘、绝缘电阻、AC电感、BD电感、电感差、AC电阻、BD电阻及电阻差等参数性能，如图9-4-13所示。通过专业的步进电机在线测试系统，对步进电机进行电气性能参数的采样。智能综合测试系统能够对采样数据进行分析，参数采集以波形图形式显示出来，使数据可视化，数据呈现更加直观，如图9-4-14所示。从波形图形状和变化趋势等能够看出步进电机电气性能检测的结果情况，质量是否达到要求，是否符合电气标准。

图9-4-13　在线测试系统可检测参数

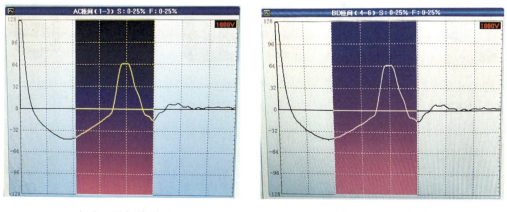

（a）AC匝间波形图　　　　　　（b）BD匝间波形图

图9-4-14　测试参数的图形化显示

步进电机在线测试系统读取步进电机的电气性能参数后，会自动与系统内设置的标准值进行对比，每种规格型号对应的电气性能参数都不一样，那么就要在系统内设定好每种型号对应的电气性能标准参数值。若读取值在标准参数值范围内，则检测电气性能合格；反之则不合格。PLC可以通过TCP网络通信把在线测试系统采集的数据全部读取并上传到主站，供大数据分析等。

三、数据采集与分析

在工业4.0的框架中，数据化、信息化、产业化将无处不在，智能制造需要各种数据的采集来支撑大数据系统的运行。离开生产数据采集，生产管理部门不能及时、准确地得到工件生产数量，无法准确、科学地制订生产计划，无法实现生产管理协同等。因此，只有有效地实现生产数据的采集和分析，才能从根本上解决车间管理中计划跟踪迟滞、设备利用率低、产品质量难以提升等问题，才能实现智能制造。

上文介绍的三种生产质量管控方法中，无一例外都是在最后环节将检测出来的数据传递到MES，由MES进行分析并作出决策。也就是通过从站和主站的网络通信将信息收集到主站，并由主站进行数据分析和处理的过程，其具体的通信实施方式如下。

（1）智能加工站激光测距环节数据采集与分析：通过RS485总线将传感器采集的数据传递到加工站PLC，然后通过PN通信方式将数据传递给主站PLC，最后通过以太网TCP协议传递至MES，如图9-4-15所示。

图9-4-15　智能加工站数据采集与分析

（2）智能螺丝站视觉检测数据采集和分析：通过RS485总线将视觉系统采集的数据传递到拧螺丝站PLC，然后通过PN通信方式将数据传递给主站PLC，最后通过以太网TCP协议传递至MES，如图9-4-16所示。

图9-4-16　智能螺丝站数据采集与分析

（3）智能检测站电气性能数据采集与分析：通过RS485总线将步进电机在线测试系统采集的数据传递到检测站PLC，然后通过PN通信方式将数据传递给主站PLC，最后通过以太网TCP协议传递至MES，如图9-4-17所示。

图9-4-17　智能检测站数据采集与分析

四、步进电机的"个性化定制"

随着时代的发展，"定制"一词已经非常流行，比如定制服装、定制家具、定制礼品等，甚至出现定制肤色、定制蔬菜等，这些都源于人们对品质和个性的追求。定制是个性化消费的体现。在智能制造中，产品定制也是一个重要的组成方面。SX-TFI4智能制造生产线可以针对一些有特殊要求的客户，实现产品的"个性化定制"，其定制内容主要包括以下两个方面。

1. 电机参数的个性化定制

客户在进行步进电机产品下单时，可以对某些电机参数在一定的范围内进行修改以满足特殊的应用场合的使用要求，如相电感、相电压、相电流、保持转矩等，如图9-4-18所示。MES在接到客户的特殊要求后，会自动在下发订单参数的过程中对生产参数进行修改，以实现客户的特殊要求。

智能制造生产线的运行与维护

图9-4-18　可个性化定制的电机参数

2. 电机外观的个性化定制

用户可以将指定的图案和文字印刷到步进电机上，实现外观的个性化定制。步进电机智能生产线设备具备激光打标功能，在此环节把个性化的图案和文字录入打标机软件中，然后进行个性化激光打标，定制属于客户自己的个性化产品，如图9-4-19所示。

图9-4- 19　定制个性化文字和图案

一、制订工作计划

（1）工作组织：教师组织学生分组，每小组由4~6名学生组成，选定1名组长（负责组织和分配任务），1名安全监督员（负责操作时的安全监督和记录）。

（2）接受任务：教师引导学生阅读任务单，完成任务单（表9-4-3）的填写。

表9-4-3　工作任务单

SX-TFI4智能制造生产线智能制造技术的应用实践任务单		
单号：No.　　　　　　　 开单部门：　　　　　 开单人：　　　　　 开单时间：　　　　　　　　　　　　　 接单部门：		
任务描述	通过对SX-TFI4智能制造生产线的学习以及对智能制造的理解，提炼智能制造技术在此智能工程中的实际应用，并对智能生产线的特点进行总结。最后在教师的指导下完成创新型的步进电机智能生产线的系统方案设计	
要求完成时间		
接单人	签名：　　　　　　　 时间：	

（3）工作计划表：制订详细的工作计划，并填入表9-4-4。

表9-4-4　工作计划表

阶段	任务说明	计划工作内容	计划完成时间	责任人

二、智能制造与智能生产线的区别与联系

（1）根据项目一描述智能制造的特征。

（2）结合对智能制造生产线的理解，总结智能制造的特征在SX-TFI4智能制造生产线中的体现。

（3）查阅资料，加深对智能制造的理解，结合本书中SX-TFI4智能制造生产线的内容，对此智能制造生产线的系统实现方案进行创新性设计，打造自己心目中的智能制造生产线。

三、工作总结

（1）采取小组会议方式讨论任务完成情况。

（2）制订工作总结提纲，完成工作总结。

任务考核

　　在完成本任务的学习后，严格按照表9-4-5的要求进行测评，并完成自我评价、小组评价和教师评价。

表9-4-5　任务9-4测评表

组别		组长		组员			
评价内容			分值	自我评分	小组评分	教师评分	
职业素养	1. 出勤准时率		6				
	2. 学习态度		6				
	3. 承担任务量		8				
	4. 团队协作性		10				
专业能力	1. 工作准备的充分性		10				
	2. 工作计划的可行性		10				
	3. 功能分析完整、逻辑性强		15				
	4. 总结展示清晰、有新意		15				
	5. 安全文明生产及6S		20				
总计			100				
个人的工作时间			提前完成				
			准时完成				
			滞后完成				

个人认为完成得好的地方：

值得改进的地方：

小组综合评价：

组长签名：　　　　　　　　　　教师签名：

附　　录

附录一：智能制造生产线配电原理图

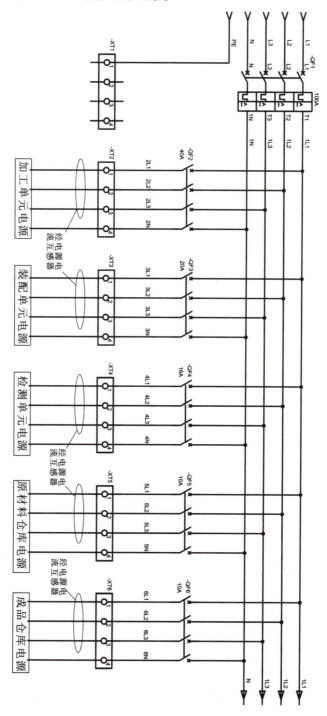

智能制造生产线的运行与维护

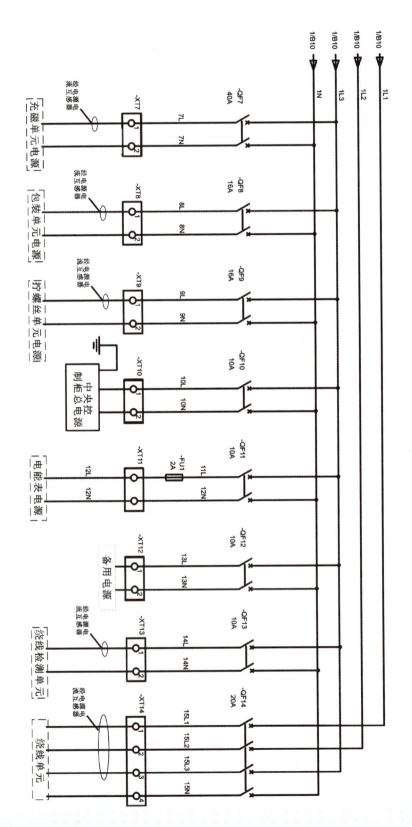

— 300 —

附录二：主从站信号对接表

附表2-1　主站与原料仓库信号对接表

主站信号			从站信号			力控信号
从站输入	主站输出	功能	从站输出	主站输入	功能	力控输入
I100.0	Q100.0	联机启动	Q100.0	I100.0	运行状态	I1000
I100.1	Q100.1	联机停止	Q100.1	I100.1	停止状态	I1001
I100.2	Q100.2	联机复位	Q100.2	I100.2	正在复位	I1002
I100.3	Q100.3	上一站完成	Q100.3	I100.3	复位完成	I1003
I100.4	Q100.4	下一站就绪	Q100.4	I100.4	报警状态	I1004
			Q100.5	I100.5	联机状态	I1005
I101.0	Q101.0	小车到达，取原材料	Q100.6	I100.6	急停状态	I1006
I101.1	Q101.1	小车偏移	Q100.7	I100.7	本站完成（单个完成）	I1007
I101.2	Q101.2	小车离开				
I101.3	Q101.3	小车到达，取包装盒	Q101.0	I101.0	呼叫小车取原材料	I1010
I101.4	Q101.4	小车到达，卸空托盘	Q101.1	I101.1	呼叫小车取包装盒	I1011
I101.5	Q101.5	有新订单下发	Q101.2	I101.2	原材料装货完成	I1012
			Q101.3	I101.3	包装盒装货完成	I1013
ID120	QD120	QB120电机种类	Q101.4	I101.4	空托盘卸货完成	I1014
		QB121电机序列号	Q101.5	I101.5	本站就绪	I1015
		QB122虚拟订单号	Q101.6	I101.6	可接收订单	I1016
		QB123客户订单号				
IB124	QB124	订单电机数量	QD120	ID120	IB120电机种类	MB630
					IB121电机序列号	MB631
I105.0	Q105.0	可送原材料			IB122虚拟订单号	MB632
I105.1	Q105.1	可送包装盒			IB123客户订单号	MB633
I105.2	Q105.2	空托盘正输送中	QB124	IB124	本站已加工原材料数	MB634

智能制造生产线的运行与维护

（续表）

主站信号			从站信号			力控信号
从站输入	主站输出	功能	从站输出	主站输入	功能	力控输入
			QB125	IB125	本站已加工包装盒数	MB635
			QB126	IB126	小车原材料份数	MB636
			Q105.0	I105.0	垛机开始取料	M6100
			Q105.1	I105.1	垛机到取料位	M6101
			Q105.2	I105.2	垛机取料完成	M6102
			Q105.3	I105.3	垛机到放料位	M6103
			Q105.4	I105.4	垛机放料完成	M6104
			Q105.5	I105.5	工作流程完成	M6105
			Q110.0	I110.0	原料仓当前仓位空报警	M6000
			Q110.1	I110.1	原料仓X轴伺服上电报警	M6001
			Q110.2	I110.2	原料仓X轴伺服回零报警	M6002
			Q110.3	I110.3	原料仓X轴伺服点动报警	M6003
			Q110.4	I110.4	原料仓X轴伺服绝对位报警	M6004
			Q110.5	I110.5	原料仓Y轴伺服上电报警	M6005
			Q110.6	I110.6	原料仓Y轴伺服回零报警	M6006
			Q110.7	I110.7	原料仓Y轴伺服点动报警	M6007
			Q111.0	I111.0	原料仓Y轴伺服绝对位报警	M6010
			Q111.1	I111.1	原料仓托盘挡料气缸报警	M6011
			Q111.2	I111.2	原材料皮带报警	M6012
			Q111.3	I111.3	原材料取料伸出气缸报警	M6013
			Q111.4	I111.4	原材料取料夹紧气缸报警	M6014
			QB131	IB131	包装盒剩余个数	MB620

（续表）

主站信号			从站信号			力控信号
从站输入	主站输出	功能	从站输出	主站输入	功能	力控输入
			QB127	IB127	A35仓位剩余电机数	MB621
			QB128	IB128	B35仓位剩余电机数	MB622
			QB129	IB129	A42仓位剩余电机数	MB623
			QB130	IB130	B42仓位剩余电机数	MB624
			QB132	IB132	A35仓位显示	MB625
			QB133	IB133	A35仓位显示	MB626
			QB134	IB134	A35仓位显示 134.4后35B	MB627
			QB135	IB135	35B仓位显示 135.6后42A	MB628
			QB136	IB136	42A仓位显示	MB629
			QB137	IB137	42A仓位显示	MB640
			QB138	IB138	42A仓位显示 138.1后42B	MB641
			QB139	IB139	42B仓位显示 139.3后包装盒	MB642
			QB140	IB140	包装盒仓位显示	MB643
			QB141	IB141	包装盒仓位显示	MB644

附表2-2　主站与智能加工区信号对接表

主站信号			从站信号			力控信号
从站输入	主站输出	功能	从站输出	主站输入	功能	力控输入
I100.0	Q150.0	联机启动	Q100.0	I150.0	运行状态	I1500
I100.1	Q150.1	联机停止	Q100.1	I150.1	停止状态	I1501
I100.2	Q150.2	联机复位	Q100.2	I150.2	正在复位	I1502
I100.3	Q150.3	上一站完成	Q100.3	I150.3	复位完成	I1503
I100.4	Q150.4	下一站就绪	Q100.4	I150.4	报警状态	I1504
			Q100.5	I150.5	联机状态	I1505
I101.0	Q151.0	小车到达，准备取端盖	Q100.6	I150.6	急停状态	I1506
I101.1	Q151.1	小车偏移	Q100.7	I150.7	本站完成（单个完成）	I1507
I101.2	Q151.2	小车离开				
I101.3	Q151.3	小车到达，准备卸原材料	Q101.0	I151.0	呼叫小车取端盖	I1510
			Q101.1	I151.1	可进原材料	I1511
		QB170电机种类	Q101.2	I151.2	端盖装货完成	I1512
		QB171电机序列号	Q101.3	I151.3		I1513
ID120	QD170	QB172虚拟订单号	Q101.4	I151.4	原材料卸货完成	I1514
		QB173客户订单号	Q101.5	I151.5	本站就绪	I1515
IB124	IB174	订单电机数量				
			QW120	IW170	IW170电机种类	MB681
			QW122	IW172	IW172电机序列号	MB683
			QW124	IW174	IW174虚拟订单号	MB685
			QW126	IW176	IW176客户订单号	MB687
			QW128	IW178	输送带上数量	MB691
			QW130	IW180	本站已加工端盖数	MB689
			Q105.0	I155.0	机器人取下端盖	M6600
			Q105.1	I155.1	数控加工下端盖	M6601

（续表）

主站信号			从站信号			力控信号
从站输入	主站输出	功能	从站输出	主站输入	功能	力控输入
			Q105.2	I155.2	清洁下端盖	M6602
			Q105.3	I155.3	机器人取上端盖	M6603
			Q105.4	I155.4	数控加工上端盖	M6604
			Q105.5	I155.5	清洁上端盖	M6605
			Q110.0	I160.0	加工区机床报警	M6500
			Q110.1	I160.1	加工区机器人报警	M6501
			Q110.2	I160.2	加工区到位气缸报警	M6502
			Q110.3	I160.3	加工区进料皮带报警	M6503
			Q110.4	I160.4	加工区出料皮带报警	M6504
			Q110.5	I160.5	加工区挡料气缸报警	M6505

智能制造生产线 的运行与维护

附表2-3　主站与智能装配区信号对接表

轴承装配区						
主站信号			从站信号			力控信号
从站输入	主站输出	功能	从站输出	主站输入	功能	力控输入
I100.0	Q200.0	联机启动	Q100.0	I200.0	运行状态	I2000
I100.1	Q200.1	联机停止	Q100.1	I200.1	停止状态	I2001
I100.2	Q200.2	联机复位	Q100.2	I200.2	正在复位	I2002
I100.3	Q200.3	上一站完成	Q100.3	I200.3		I2003
I100.4	Q200.4	下一站就绪	Q100.4	I200.4	报警状态	I2004
			Q100.5	I200.5	联机状态	I2005
I101.0	Q201.0	小车到达，准备卸端盖	Q100.6	I200.6	急停状态	I2006
I101.1	Q201.1	小车偏移	Q100.7	I200.7	本站完成（单个完成）	I2007
I101.2	Q201.2	小车离开				
			Q101.0	I201.0	就绪可上料	I2010
ID120	QD220	QB220电机种类	Q101.1	I201.1		I2011
		QB221电机序列号	Q101.2	I201.2		I2012
		QB222虚拟订单号	Q101.3	I201.3		I2013
		QB223客户订单号	Q101.4	I201.4	端盖卸货完成	I2014
IB124	IB224	订单电机数量	Q101.5	I201.5	本站就绪可启动	I2015
IB125	IB225	送货数量	Q101.6	I201.6	轴承装配开始	I2016
			Q101.7	I201.7	整机装配开始	I2017
			QD120	ID220	IB220电机种类	MB730
					IB221电机序列号	MB731
					IB222虚拟订单号	MB732
					IB223客户订单号	MB733
			QB124	IB224	本站已装配完成数	MB734
			Q105.0	I205.0	装转子夹具	M7100
			Q105.1	I205.1	卸载"V"形套	M7101
			Q105.2	I205.2	安装"V"形套	M7102
			Q105.3	I205.3	安装转子	M7103

（续表）

轴承装配区						
主站信号			从站信号			力控信号
从站输入	主站输出	功能	从站输出	主站输入	功能	力控输入
			Q105.4	I205.4	卸载转子夹具	M7104
			Q105.5	I205.5	换轴承夹具	M7105
			Q105.6	I205.6	装配左轴承	M7106
			Q105.7	I205.7	装配右轴承	M7107
			Q106.0	I206.0	卸轴承夹具	M7110
			Q106.1	I206.1	装垫片夹具	M7111
			Q106.2	I206.2	装配左垫片	M7112
			Q106.3	I206.3	装配右垫片	M7113
			Q106.4	I206.4	装配波纹垫片	M7114
			Q106.5	I206.5	卸垫片夹具	M7115
			Q106.6	I206.6	换转子夹具	M7116
			Q106.7	I206.7	装配转子组件	M7117
			Q110.0	I210.0	装配区轴承装配机器人报警	M7000
			Q110.1	I210.1	装配区整机装配机器人报警	M7001
			Q110.2	I210.2	装配区伺服报警	M7002
			Q110.3	I210.3	装配区轴承到位气缸报警	M7003
			Q110.4	I210.4	装配区整机到位气缸报警	M7004
			Q110.5	I210.5	装配区轴承运送皮带报警	M7005
			Q110.6	I210.6	装配区整机运关皮带报警	M7006
			Q102.0	I202.0	轴承装配完成	I2020
			QD120	MD720	MB720电机种类	MB720
					MB721电机序列号	MB721
					MB722虚拟订单号	MB722
					MB723客户订单号	MB723
			Q107.0	I207.0	卸定子夹具	M7120
			Q107.1	I207.1	换低模夹具	M7121
			Q107.2	I207.2	卸载低模	M7122

（续表）

轴承装配区						
主站信号			从站信号			力控信号
从站输入	主站输出	功能	从站输出	主站输入	功能	力控输入
			Q107.3	I207.3	安装低模	M7123
			Q107.4	I207.4	卸低模夹具	M7124
			Q107.5	I207.5	换定子夹具	M7125
			Q107.6	I207.6	装配前端盖	M7126
			Q107.7	I207.7	装配定子	M7127
			Q108.0	I208.0	装配后端盖	M7130
			Q108.1	I208.1	取电机组件	M7131

附表2-4　主站与拧螺丝区信号对接表

主站信号			从站信号			力控信号
从站输入	主站输出	功能	从站输出	主站输入	功能	力控输入
I100.0	Q250.0	联机启动	Q100.0	I250.0	运行状态	I2500
I100.1	Q250.1	联机停止	Q100.1	I250.1	停止状态	I2501
I100.2	Q250.2	联机复位	Q100.2	I250.2	正在复位	I2502
I100.3	Q250.3	上一站完成	Q100.3	I250.3	复位完成	I2503
I100.4	Q250.4	下一站就绪	Q100.4	I250.4	报警状态	I2504
			Q100.5	I250.5	联机状态	I2505
I101.0	Q251.0	小车到达，准备取外观不良品	Q100.6	I250.6	急停状态	I2506
I101.1	Q251.1	小车偏移	Q100.7	I250.7	本站完成（单个完成）	I2507
I101.2	Q251.2	小车离开				
			Q101.0	I251.0	呼叫小车取外观不良品	I2510
		QB270电机种类	Q101.1	I251.1		I2511
		QB271电机序列号	Q101.2	I251.2	外观不良品装货完成	I2512
ID120	QD270	QB272虚拟订单号	Q101.3	I251.3		I2513
		QB273客户订单号	Q101.4	I251.4		I2514
IB124	IB274	订单电机数量	Q101.5	I251.5	本站就绪	I2515
			QD120	ID270	IB270电机种类	MB780
					IB271电机序列号	MB781
					IB272虚拟订单号	MB782
					IB273客户订单号	MB783
			QB124	IB274	本站已完成打螺丝数	MB784
			QB125	IB275	本站不合格数量	MB785
			QB126	IB276	不合格皮带个数	
			Q105.0	I255.0	电机到来	M7600
			Q105.1	I255.1	机器人拧螺丝	M7601
			Q105.2	I255.2	拧螺丝完成	M7602
			Q105.3	I255.3	视觉检测	M7603
			Q105.4	I255.4	合格信号	M7604

（续表）

主站信号			从站信号			力控信号
从站输入	主站输出	功能	从站输出	主站输入	功能	力控输入
			Q105.5	I255.5	不合格信号	M7605
			Q105.6	I255.6	去不良品皮带	M7606
			Q105.7	I255.7	等待小车	M7607
			Q110.0	I260.0	螺丝区到位气缸报警	M7500
			Q110.1	I260.1	螺丝区不合格推料气缸报警	M7501
			Q110.2	I260.2	螺丝区外观检测气缸报警	M7502
			Q110.3	I260.3	螺丝区X轴伺服报警	M7503
			Q110.4	I260.4	螺丝区Y轴伺服报警	M7504
			Q110.5	I260.5	螺丝区Z轴伺服报警	M7505
			Q110.6	I260.6	螺丝区运送皮带报警	M7506
			Q110.7	I260.7	螺丝区废料皮带报警	M7507

附表2-5 主站与充磁区信号对接表

主站信号			从站信号			力控信号
从站输入	主站输出	功能	从站输出	主站输入	功能	力控输入
I100.0	Q300.0	联机启动	Q100.0	I300.0	运行状态	I3000
I100.1	Q300.1	联机停止	Q100.1	I300.1	停止状态	I3001
I100.2	Q300.2	联机复位	Q100.2	I300.2	正在复位	I3002
I100.3	Q300.3	上一站完成	Q100.3	I300.3	复位完成	I3003
I100.4	Q300.4	下一站就绪	Q100.4	I300.4	报警状态	I3004
			Q100.5	I300.5	联机状态	I3005
I101.1	Q301.1	小车偏移	Q100.6	I300.6	急停状态	I3006
I101.2	Q301.2	小车离开	Q100.7	I300.7	本站完成（单个完成）	I3007
		QB320电机种类	Q101.0	I301.0		I3010
		QB321电机序列号	Q101.1	I301.1		I3011
ID120	QD320	QB322虚拟订单号	Q101.2	I301.2		I3012
		QB323客户订单号	Q101.3	I301.3		I3013
IB124	IB324	订单电机数量	Q101.4	I301.4		I3014
			Q101.5	I301.5	本站就绪	I3015
					IB320电机种类	MB830
					IB321电机序列号	MB831
			QD120	ID320	IB322虚拟订单号	MB832
					IB323客户订单号	MB833
			QB124	IB324	本站已完成充磁数	MB834
			Q105.0	I305.0	电机到来	M8100
			Q105.1	I305.1	准备充磁	M8101
			Q105.2	I305.2	充磁中	M8102
			Q105.3	I305.3	开始就绪	M8103
			Q110.0	I310.0	充磁区到位气缸报警	M8000
			Q110.1	I310.1	充磁区夹取气缸报警	M8001
			Q110.2	I310.2	充磁区运送皮带报警	M8002
			Q110.3	I310.3	充磁区垂直气缸报警	M8003
			Q110.4	I310.4	充磁区水平气缸报警	M8004
			Q110.5	I310.5	充磁区充磁机报警	M8005

智能制造生产线的运行与维护

附表2-6 主站与性能检测区信号对接表

主站信号			从站信号			力控信号
从站输入	主站输出	功能	从站输出	主站输入	功能	力控输入
I100.0	Q350.0	联机启动	Q100.0	I350.0	运行状态	I3500
I100.1	Q350.1	联机停止	Q100.1	I350.1	停止状态	I3501
I100.2	Q350.2	联机复位	Q100.2	I350.2	正在复位	I3502
I100.3	Q350.3	上一站完成	Q100.3	I350.3	复位完成	I3503
I100.4	Q350.4	下一站就绪	Q100.4	I350.4	报警状态	I3504
			Q100.5	I350.5	联机状态	I3505
I101.0	Q351.0		Q100.6	I350.6	急停状态	I3506
I101.1	Q351.1	小车偏移	Q100.7	I350.7	本站完成（单个完成）	I3507
I101.2	Q351.2	小车离开				
			Q101.0	I351.0		I3510
ID120	QD370	QB370电机种类	Q101.1	I351.1		I3511
		QB371电机序列号	Q101.2	I351.2		I3512
		QB372虚拟订单号	Q101.3	I351.3		I3513
		QB373客户订单号	Q101.4	I351.4		I3514
IB124	IB374	订单电机数量	Q101.5	I351.5	本站就绪	I3515
			QD120	ID370	IB370电机种类	MB880
					IB371电机序列号	MB881
					IB372虚拟订单号	MB882
					IB373客户订单号	MB883
			QB124	IB374	本站已完成检测数	MB884
			QB125	IB375	本站不合格数量	MB885
			Q105.0	I355.0	电机到来	M8600
			Q105.1	I355.1	准备测试	M8601
			Q105.2	I355.2	测试电机	M8602
			Q105.3	I355.3	检测判断中	M8603
			Q105.4	I355.4	合格电机	M8604
			Q105.5	I355.5	不合格电机	M8605
			Q110.0	I360.0	检测区到位气缸报警	M8500

（续表）

主站信号			从站信号			力控信号
从站输入	主站输出	功能	从站输出	主站输入	功能	力控输入
			Q110.1	I360.1	检测区运送皮带报警	M8501
			Q110.2	I360.2	检测区测试机报警	M8502
			Q110.3	I360.3	检测区伺服报警	M8503
			Q110.4	I360.4	检测区A35电机检测气缸报警	M8504
			Q110.5	I360.5	检测区B35电机检测气缸报警	M8505
			Q110.6	I360.6	检测区A42电机检测气缸报警	M8506
			Q110.7	I360.7	检测区B42电机检测气缸报警	M8507

智能制造生产线的运行与维护

附表2-7　主站与智能包装区信号对接表

主站信号			从站信号			力控信号
从站输入	主站输出	功能	从站输出	主站输入	功能	力控输入
I100.0	Q400.0	联机启动	Q100.0	I400.0	运行状态	I4000
I100.1	Q400.1	联机停止	Q100.1	I400.1	停止状态	I4001
I100.2	Q400.2	联机复位	Q100.2	I400.2	正在复位	I4002
I100.3	Q400.3	上一站完成	Q100.3	I400.3	复位完成	I4003
I100.4	Q400.4	下一站就绪	Q100.4	I400.4	报警状态	I4004
			Q100.5	I400.5	联机状态	I4005
I101.0	Q401.0	小车到达，装电气不良品	Q100.6	I400.6	急停状态	I4006
I101.1	Q401.1	小车偏移	Q100.7	I400.7	本站完成（单个完成）	I4007
I101.2	Q401.2	小车离开				
			Q101.0	I401.0		I4010
ID120	QD420	QB420电机种类	Q101.1	I401.1		I4011
		QB421电机序列号	Q101.2	I401.2		I4012
		QB422虚拟订单号	Q101.3	I401.3		I4013
		QB423客户订单号	Q101.4	I401.4	小车空包装盒卸货完成	I4014
IB124	IB424	订单电机数量	Q101.5	I401.5	本站就绪	I4015
I105.0	Q405.0	小车到达，准备卸盒子				
I105.1	Q405.1	小车到达，准备装空托盘			IB420电机种类	MB930
I105.2	Q405.2	小车到达，准备装成品	QD120	ID420	IB421电机序列号	MB931
I105.3	Q405.3	包装盒放位置2			IB422虚拟订单号	MB932
I105.4	Q405.4	包装盒放公位置1结束			IB423客户订单号	MB933
I105.5	Q405.5	合格产品	QB124	IB424	本站已完成电机个数	MB934
I105.6	Q405.6	不合格产品	QB125	IB425	本站已完成包装盒个数	MB935

（续表）

主站信号			从站信号			力控信号
从站输入	主站输出	功能	从站输出	主站输入	功能	力控输入
			Q105.0	I405.0	呼叫小车运走电气不合格品	M9100
			Q105.1	I405.1	呼叫小车运走空托盘	M9101
			Q105.2	I405.2	呼叫小车运走成品	M9102
			Q105.3	I405.3		M9103
			Q105.4	I405.4	空托盘装货完成	M9104
			Q105.5	I405.5	成品已装货完成	M9105
			Q105.6	I405.6	电气不良品装货完成	M9106
			Q105.7	I405.7	电机到来	M9107
			Q106.0	I406.0	空包装盒就绪	M9110
			Q106.1	I406.1	机器人将电机包装	M9111
			Q106.2	I406.2	盖上包装盒盖	M9112
			Q106.3	I406.3	包装盒空	M9113
			Q106.4	I406.4	开始激光打标	M9114
			Q106.5	I406.5	激光打标中	M9115
			Q106.6	I406.6	激光打标完成	M9116
			Q106.7	I406.7	询问放的位置	M9117
			Q110.0	I410.0	包装区包装皮带报警	M9000
			Q110.1	I410.1	包装区打标机报警	M9001
			Q110.2	I410.2	包装区运送皮带报警	M9002
			Q110.3	I410.3	包装区机器人报警	M9003
			Q110.4	I410.4	包装区打标到位气缸报警	M9004
			Q110.5	I410.5	包装区电机到位气缸报警	M9005
			Q110.6	I410.6	包装区包装到位气缸报警	M9006

附表2-8　主站与成品仓库信号对接表

主站信号			从站信号			力控信号
从站输入	主站输出	功能	从站输出	主站输入	功能	力控输入
I100.0	Q450.0	联机启动	Q100.0	I450.0	运行状态	I4500
I100.1	Q450.1	联机停止	Q100.1	I450.1	停止状态	I4501
I100.2	Q450.2	联机复位	Q100.2	I450.2	正在复位	I4502
I100.3	Q450.3	上一站完成	Q100.3	I450.3	复位完成	I4503
I100.4	Q450.4	下一站就绪	Q100.4	I450.4	报警状态	I4504
			Q100.5	I450.5	联机状态	I4505
I101.0	Q451.0	小车到达, 装成品, 请求卸货	Q100.6	I450.6	急停状态	I4506
I101.1	Q451.1	小车偏移	Q100.7	I450.7	本站完成（单个完成）	I4507
I101.2	Q451.2	小车离开				
I101.3	Q451.3	小车到达, 装外观不良品, 请求卸货	Q101.0	I451.0		I4510
I101.4	Q451.4	小车到达, 装电气不良品, 请求卸货	Q101.1	I451.1		I4511
			Q101.2	I451.2	小车电气不良品卸货完成	I4512
ID120	QD420	QB470电机种类	Q101.3	I451.3	小车外观不良品卸货完成	I4513
		QB471电机序列号	Q101.4	I451.4	小车成品卸货完成	I4514
		QB472虚拟订单号	Q101.5	I451.5	本站就绪	I4515
		QB473客户订单号				
IB124	IB474	订单电机数量				
			QD120	ID420	IB470电机种类	MB980
					IB471电机序列号	MB981
					IB472虚拟订单号	MB982
					IB473客户订单号	MB983
			QB124	IB474	本站已完成成品数	MB984

（续表）

主站信号			从站信号			力控信号
从站输入	主站输出	功能	从站输出	主站输入	功能	力控输入
			QB125	IB475	本站已完成外观不良品数	MB985
			QB126	IB476	本站已完成电气不良品数	MB986
			Q105.0	I455.0	到取货位	M9600
			Q105.1	I455.1	取货完成	M9601
			Q105.2	I455.2	到放货位	M9602
			Q105.3	I455.3	放货完成	M9603
			Q110.0	I460.0	成品区当前仓位满	M9500
			Q110.1	I460.1	成品区X轴伺服上电报警	M9501
			Q110.2	I460.2	成品区X轴伺服回零报警	M9502
			Q110.3	I460.3	成品区X轴伺服点动报警	M9503
			Q110.4	I460.4	成品区X轴伺服绝对位报警	M9504
			Q110.5	I460.5	成品区Y轴伺服上电报警	M9505
			Q110.6	I460.6	成品区Y轴伺服回零报警	M9506
			Q110.7	I460.7	成品区Y轴伺服点动报警	M9507
			Q111.0	I461.0	成品区Y轴伺服绝对位报警	M9510
			Q111.1	I461.1	成品区取料伸出气缸报警	M9511
			Q111.2	I461.2	成品区取料夹紧气缸报警	M9512
			QB127	IB477	A35仓位放入成品数	MB970
			QB128	IB478	B35仓位放入成品数	MB971
			QB129	IB479	A42仓位放入成品数	MB972

（续表）

主站信号			从站信号			力控信号
从站输入	主站输出	功能	从站输出	主站输入	功能	力控输入
			QB130	IB480	B42仓位放入成品数	MB973
			QB131	IB481	电气不合格仓位放入数	MB974
			QB132	IB482	外观不合格仓位放入数	MB975
			QB133	IB483	电气不良入库力控显示	
			QB134	IB484	A35入库力控显示	
			QB135	IB485	A35入库力控显示	
			QB136	IB486	B35入库力控显示	
			QB137	IB487	A42入库力控显示	
			QB138	IB488	A42入库力控显示	
			QB139	IB489	B42入库力控显示	
			QB140	IB490	外观不良入库力控显示	

参考文献

胡成飞，姜勇，张旋，2017．智能制造体系构建：面向中国制造2025的实施路线［M］．北京：机械工业出版社．

阮友德，邓松，2015．电气控制与PLC［M］．北京：人民邮电出版社．

王平，2018．ERP原理与实训：基于金碟K/3 WISE平台的应用［M］．北京：机械工业出版社．

西门子工业软件公司，西门子中央研究院，2015．工业4.0实战：装备制造业数字化之道［M］．北京：机械工业出版社．

余任冲，2015．工业机器人应用案例入门［M］．北京：电子工业出版社．

张涛，2015．企业资源计划（ERP）原理与实践［M］．2版．北京：机械工业出版社．

赵伟，宋志刚，2021．智能工厂的认知与实践［M］．北京：中国劳动社会保障出版社．

后记

　　"广东技工"工程教材新技能系列在广东省人力资源和社会保障厅的指导下，由广东省职业技术教研室牵头组织编写。该系列教材在编写过程中得到广东省人力资源和社会保障厅办公室、宣传处、综合规划处、财务处、职业能力建设处、技工教育管理处、省职业技能服务指导中心和省职业训练局的高度重视和大力支持。

　　《智能制造生产线的运行与维护》由广东三向智能科技股份有限公司牵头，联合清远市技师学院、惠州市技师学院、广州市高级技工学校、深圳职业技术学院、ABB（中国）有限公司等职业院校和企业，组织专业工程技术人员与院校老师共同参与编写。

　　本教材在编写过程中，得到了广东省省人力资源和社会保障厅、广东省职业技术教研室等部门领导的指导和帮助，同时也得到了人社部一体化课改专家张中洲、侯勇志及原广东省维修电工专家组组长梁耀光等专家的指导和帮助。在此表示衷心感谢！

　　由于编写时间仓促以及编者水平有限，教材中有不足之处在所难免，欢迎广大读者提出宝贵意见和建议。

《智能制造生产线的运行与维护》编写委员会

2021年7月